Jack

SECOND EDITION

# SECRETS OF NOISE CONTROL

By Albert Thumann, P.E.
and Richard K. Miller

Introduction by
Dr. Clifford R. Bragdon

Edited by Dr. Kent C. Williams

THE FAIRMONT PRESS
134 Peachtree Street, N.E.
Suite 822
Atlanta, Georgia 30303

SECRETS OF NOISE CONTROL



ISBN: 0915586002

A JOB SIMULATION EXPERIENCE ®

## *CONTENTS*

## LIST OF FIGURES

| Figure | | Page |
|---|---|---|
| 33 | FAN LAYOUT | 171 |
| 34 | TWO TYPES OF SILENCERS: (A) ABSORPTIVE SILENCER FOR PRESSURE REDUCTION REGULATOR, AND (B) REACTIVE AND ABSORPTIVE SILENCER USED FOR STEAM AND PROCESS VENTS | 180 |
| 35 | BARRIER ATTENUATION | 188 |
| 36 | FAN PLENUM | 191 |
| 37 | CLASSIFICATION OF VIBRATION ISOLATORS | 194 |
| 38 | TRANSMISSIBILITY FOR VARIOUS DAMPING FACTORS | 195 |
| 39 | STATIC DEFLECTION CURVE FOR A SPRING ISOLATOR | 197 |
| 40 | TWO CONFIGURATIONS FOR VIBRATION DAMPING: (A) SURFACE OR FREE LAYER DAMPING, AND (B) CONSTRAINED LAYER DAMPING | 201 |
| 41 | RELATIVE DAMPING AS A FUNCTION OF RELATIVE THICKNESS AND RELATIVE YOUNG'S MODULUS FOR A HOMOGENEOUS DAMPING LAYER | 202 |
| 42 | VENT SILENCER ATTENUATION | 204 |
| 43 | FREQUENCY CHARACTERISTICS OF THE A, B, AND C SCALE WEIGHTING NETWORKS | 212 |
| 44 | SOUND LEVEL METERS | 212 |
| 45 | BANDWIDTH VS FREQUENCY FOR CONSTANT PERCENTAGE AND CONSTANT FREQUENCY FILTERS | 219 |
| 46 | COMPARISON OF ACOUSTICAL DATA SAMPLE ANALYZED WITH OCTAVE BAND, ONE THIRD OCTAVE BAND, AND NARROW BAND FILTERS | 220 |
| 47 | COMMUNITY NOISE SAMPLE SHOWING ANALYZER SAMPLING INTERVAL AND CORRESPONDING INTERVAL SOUND PRESSURE LEVELS | 222 |
| 48 | BLOCK DIAGRAM OF INSTRUMENTATION SYSTEM FOR STATISTICAL ANALYSIS OF ENVIRONMENTAL NOISE | 223 |

# LIST OF TABLES

| Table | | Page |
|---|---|---|

# INTRODUCTION

The recognition of noise as an environmental problem, with an impact on both the community and occupational environment, is rapidly growing. There appear to be several indicators of an expanding interest in the subject.

## Legislation

Regulatory activity is reaching record proportions at all governmental levels. The desire to restrict occupational noise exposure has resulted in the promulgation of federal and state laws. Amendments to the Walsh Healy Public Contracts Act and the subsequent passage of the Occupational Safety and Health Act have given considerable impetus to controlling occupationally related noise. Worker exposure limits for noise are now found in all states.

Community noise is also receiving increasing attention. Nearly half the states have regulations, while approximately one-fourth of all municipalities have enacted some type of noise control legislation. As a result, comprehensive noise control programs are beginning to appear in sizeable numbers. Financial resources for these programs, virtually non-existent before 1970, now are approaching $2,000,000. Department of Transportation and Environmental Protection Agency programs at the federal level also are contributing to the control of environmental noise. The influence of these national programs is now beginning to be felt.

## Public Interest

Public recognition of noise and the need for its control is increasing. Although other environmental problems have been previously in the forefront, noise is gradually commanding greater and greater attention by the public at large. The public appears today to be equally concerned about the acoustical quality of the environment as with air and water quality.

Environmentalists, public interest organizations, and citizen groups are expressing an increasing interest in the subject. Public information programs now include noise with its other environmental counterparts. The journalist profession is also becoming more conversant with the subject and the quantity of material reaching the consumer continues to grow. Periodical literature abounds with articles on the subject, representing a variety of disciplines and consumer interests.

## Private Enterprise

The private sector is becoming responsive to the problems of noise. In part this is due to regulatory activity that is requiring industry to be compatible with its environment. Both occupational and community noise legislation are concerned about industrial related activities.

In a more positive vein, industry recognizes that the control of noise can be an economical asset. Noise, or more accurately the absence of noise, often is a marketable commodity. A variety of manufacturers are beginning to recognize this. Many products are being marketed on the basis of noise control or sound reduction. Furthermore, industries are also consumers themselves, which means that the absence of noise may be beneficial to the success of their own businesses. Instituting an industrial noise control program is a preventive approach to discourage subsequent problems, which could include adverse occupational or community noise exposure.

With this increasing interest in the subject of environmental noise, solutions are anxiously sought. The prevailing literature addresses the subject of noise control from two completely different perspectives. Generally, the literature is either very theoretical and technical in nature, or at the opposite end of the spectrum, non-technical and very elementary with little guidance for the control of noise. What is needed is a reference book that bridges the gap--one that is sufficiently technical, but at the same time practical. This book, THE SECRETS OF NOISE CONTROL, offers the reader practical solutions applicable to real-world needs, and allows the individual to participate in learning about solutions to noise control problems.

Clifford R. Bragdon, Ph.D.

Associate Professor
Georgia Institute of Technology

# CHAPTER 1

# WHAT IT'S ALL ABOUT

# CHAPTER 1 - WHAT IT'S ALL ABOUT

The Occupational Safety and Health Act (OSHA) is now the law of the land governing noise within the industrial environment. Over 1000 local ordinances set strict community noise criteria. Several states have recently enacted their own environmental noise laws. No longer can noise be ignored when designing an industrial, power, or commercial complex. Noise control is not a new field. There have been many fine theoretical texts written about the importance of noise, but until recently much of the emphasis has been on architectural acoustics and aeronautics. This text is aimed at presenting a practical approach for solving noise control problems. You will play the role of the environmental noise control consultant. Through Job Simulation Experiences you will learn how to solve most noise problems involved in designing a new, quiet industrial or power plant. The techniques used can be applied to any complex. Emphasis is placed on not only the technical areas, but also on the management of a noise control program.

## Activities of the Environmental Noise Control Consultant

Throughout this book you will be involved in the design of a new industrial plant. Since an industrial plant contains both process, power generation, and office areas, you will gain a broad exposure to noise control problems. In your role as a noise control consultant you may be a private practitioner or may work for a firm. In any case, the main areas that you will be dealing with are:

- Noise radiated to nearby residences
- Noise exposure of operating personnel
- Noise in offices, conference rooms, etc.

Each category will be evaluated based on different noise control objectives:

- Residential noise objectives are based on community standards and local ordinances.
- Employee exposure noise objectives are based on OSHA and hearing loss criteria.
- Office and administrative noise objectives are based on noise criteria for interior spaces.

Table I summarizes the major activities of the noise control consultant.

TABLE I

ACTIVITIES OF THE NOISE CONTROL CONSULTANT
(New Plant Design)

| | |
|---|---|
| 1. | Establish noise criteria:<br>a) perform noise survey of community<br>b) specify outdoor noise criteria<br>c) specify indoor noise criteria based on occupational exposure<br>d) specify acoustical requirements for offices, conference rooms, auditoriums, etc. |
| 2. | Identify potential noise offenders. |
| 3. | Predict equipment noise levels, utilizing vendor information, if available. |
| 4. | Develop initial design considerations related to noise:<br>a) location of plant<br>b) orientation of plant and equipment<br>c) location of transportation routes (trucking access and rail spurs)<br>d) identification of indoor and outdoor equipment<br>e) interior partitioning of plant<br>f) location of substations and equipment rooms with respect to offices and control rooms |
| 5. | Establish noise reduction required for each piece of equipment. |
| 6. | Develop methods for noise control of each source. |
| 7. | Analyze bid tabs of equipment purchased. (Before equipment is purchased, a comparison of the competing equipment manufacturers' cost, quality, and delivery date should be summarized on a document known as a bid tab.) |
| 8. | Determine acoustical properties of walls, ceilings, glass, etc. for offices, conference rooms, control rooms, auditoriums, and building structures. |
| 9. | Write technical specifications for noise control equipment. |
| 10. | Perform sound measurements after construction completion to verify that noise objectives are met. |
| 11. | Determine remaining noise problem areas and implement corrective action. |

## Salary Potential of Noise Control Engineers

The 1972 salary survey published by the Institute of Electrical and Electronic Engineers shows that engineers associated in the noise area had medium salaries in the $16,000 to $19,000 category. A survey of several companies involved in the noise control area indicated starting salaries for recent college graduates averaged at $12,000 per year. More experienced non-supervisory engineers with a Master's Degree could command salaries in the $27,000 bracket. With the passage of OSHA and the Noise Control Act of 1972, the need for noise control engineers should continue to increase. Each community, each operating facility, and each manufacturer will be placing increased emphasis on noise control programs. The salary potential definitely is promising for the noise control engineer.

## Noise Control Objectives

There are three main noise objectives which should be equally weighed during the design phase of a new facility:

Technical Proficiency - The noise control design should meet established criteria, including all applicable legislation (OSHA, local ordinances, etc.).

Cost Consideration - Decisions as to the silencing equipment required should be analyzed using the principles of economic analysis. Usually several different silencing schemes exist, but all may not be ecomonically attractive.

Schedules - Delays in engineering and construction schedules can be very costly. It may not be easy to add silencing equipment on some items after the equipment is installed. It is therefore important that the noise control engineers establish the noise objectives early in the design phase.

## Critical Path

Schedules should take into account noise control input early in plant design. A typical schedule showing the relationship of the noise control activities is shown in Figure 1.

## Estimating the Scope of the Project

The scope of the noise control activities for a new plant design may be divided into the following:

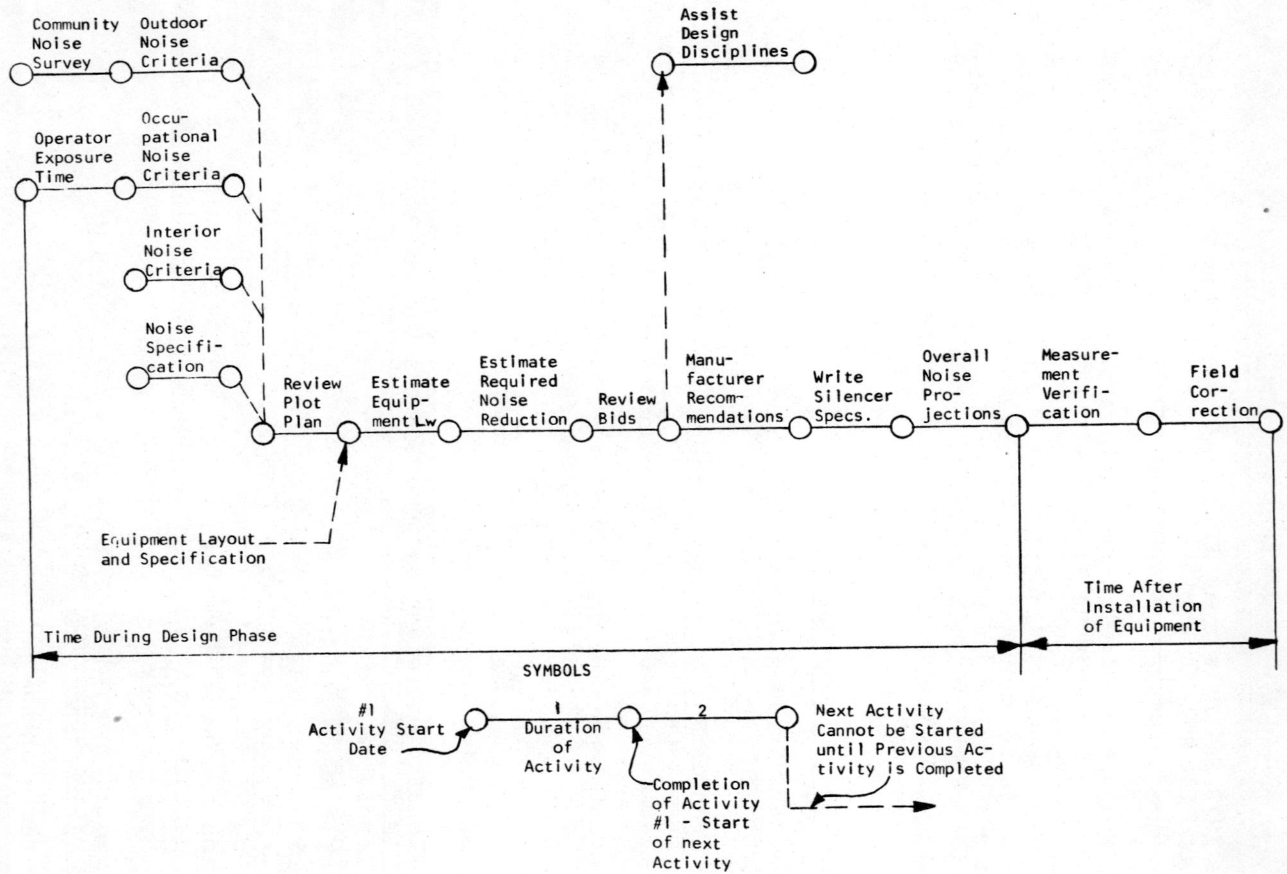


FIGURE 1. SCHEDULE OF NOISE CONTROL ACTIVITIES FOR PLANT DESIGN.

- A survey of the site of the new plant and assessment of the impact of the new plant on the environment.

- Noise control engineering to develop and design an acceptable noise environment.

- Coordination with architects, heating and ventilation designers, and other specialty groups who use the input of the noise control engineer in specifying the materials, equipment, etc.

Table II presents estimated time requirements for the noise control phases in the design of an industrial facility.

## Know Thy Vendor

Manufacturers are a valuable source of noise control information. Many of the limitations in your design will be due to a lack of available quiet equipment. Today, more than ever, manufacturers are exploring different noise control techniques, and good communications with them may solve many of your problems.

Table III gives a checklist of types of silencing equipment and the associated vendors.

Remember: If you have a noisy piece of equipment, try to work with the manufacturer of that item before exploring external silencing means. A noisy motor, for example, may be silenced by a slight redesign in the cooling fan for a fraction of the silencer cost.

## Why Worry About Community Noise?

Noise and OSHA have almost become synonymous terms in the minds of most industrial administrators. There is a strong temptation to ignore noise generated to adjacent communities. Beware! States and municipalities are becoming seriously concerned about noise pollution. In 1973, cities budgeted over $1,250,000 for the establishment of a quiet environment, and the emphasis is certain to increase with assistance from EPA under authority from the Noise Control Act of 1972.

## Why Noise May Be Confusing

The field of noise control has its own terminology. The basic noise quantity is the decibel, abbreviated dB. The dB is a

TABLE II

ESTIMATING THE SCOPE OF NOISE CONTROL ACTIVITIES

| | |
|---|---|
| Establish Outdoor Noise Criteria (Excluding Noise Survey) | 10-20 hrs |
| Estimate Operator Exposure Time at Each Area | 10-20 hrs/area |
| Establish Occupational Noise Criteria | 10-20 hrs |
| Establish Office, Auditorium, etc. Noise Criteria | 10-20 hrs |
| Write Project Specification | 10-20 hrs |
| Estimate Sound Levels of Equipment | 1-2 hrs per noise source |
| Establish Noise Reduction Required for Each Noise Offender | 5-10 hrs per each type of noise offender |
| Review Bids | .5-1 hrs per noise source |
| Compile Actual Noise Data | .5-1 hrs per noise source |
| Write Silencing Specifications | 10-20 hrs/specification ty |
| Analyze Bids & Purchase Silencing Equipment | 10-20 hrs/specification ty |
| Prepare Overall Plant Summary | 20-40 hrs |
| General Coordination Noise Control Group | 10%-15% of Above Total |
| Field Measurements & Correction | 40-80 hrs |
| Community Sound Survey by Noise Specialists | 24-200 hrs |

logarithmic quantity and cannot be added algebraically.

Sound sources may be described by either sound pressure or sound power levels, both expressed in dB. The total acoustic power of a source, or sound power level, is designated as $L_W$. This value would be analogous to describing a lamp by its wattage. The sound pressure level, $L_P$, describes the loudness of the sound source and must specify the distance from the source, since the sound pressure decreases with distance from the source. The sound pressure level is analogous to the brightness of a lamp. The sound pressure level is dependent upon the environment in which the sound source is placed (i.e., a small room, a large room with acoustical tile, outdoors, etc.). Similarly, a lamp which is in an all white room will seem brighter than one in a completely black room. Thus, stating only that the noise of a piece of equipment is "90 dB" is not complete. One must say "the sound power level is 90 dB" or "the sound pressure level is 90 dB at 10 feet" to convey meaningful information.

Noise may be confusing because sound readings may not be adequately specified and/or sound terms may be interchanged. Since people have only recently had to apply noise control formulas, they may not be familiar with logarithms. Complicating the problem, various texts may use several noise formulas which may look the same, but many are slightly different. These variations are due to logarithm manipulations or the use of different reference powers. Some of these aspects are illustrated in Chapter 2.

In Chapter 3 you will learn how to establish noise objectives. Chapter 4 will provide the technical basis for estimating the noise generated from plant equipment.

Once you know the noise generated from your equipment, you will need to combine these sounds to determine if the plant objectives have been met. Chapters 5 and 6 illustrate the principles of sound propagation outdoors and indoors. By Chapter 7 it will become evident that some sound sources violate plant noise objectives. This chapter will enable you to quiet the noise offenders. Vibration is considered in conjunction with other airborne sound topics. Sound control and vibration control approaches are considered hand-in-hand when seeking noise problem solutions.

Chapter 8 will introduce you to sound measuring techniques that will be useful in verifying whether the noise criteria of your design has been satisfied. These techniques are also used for assessment of noise in community, industrial, and interior environments. In Chapter 9 the management of noise control, along with cost data, will be expounded upon.

## TABLE III

## MANUFACTURERS OF ACOUSTICAL AND VIBRATION PRODUCTS

| | ACCESSIBLE PRODUCTS COMPANY, TEMPE, AZ | ACOUSTICS DEVELOPMENT CORP./BURGESS DAY DIV., NORTHBROOK, IL | ADVANCED ACOUSTICAL RESEARCH CORP., ELMSFORD, NY | AEROFLEX LABORATORIES/ISOLATOR PRODUCTS DIV., PLAINVIEW, NY | THE AEROACOUSTIC CORP., AMITYVILLE, NY | AERONCA, INC./ENVIRONMENTAL CONTROL GROUP, PINEVILLE, NC | AIR FILTER CORP., MILWAUKEE, WI | AIR-LOC PRODUCTS, FRANKLIN, MA | AIR-O-PLASTIK CORP., CARLSTADT, NJ | ALCAN, ATLANTA, GA | ALLIED METAL HOSE COMPANY, LONG ISLAND CITY, NY | ALLIED WITAN COMPANY, CLEVELAND, OH | ALPRO ACOUSTICS DIV., NEW ORLEANS, LA | AMBER BOOTH COMPANY, HOUSTON TX | AMERADA GLASS COMPANY, ELK GROVE VILLAGE, IL | AMERICAN ACOUSTICAL PRODUCTS, NATICK, MA | AMERICAN AIR FILTER CO./PULSCO DIV., SANTA PAULA, CA | AM. SMELTING & REFINING CO./FEDERATED METALS DIV./NEWARK, NJ | ANACONDA METAL HOSE, WATERBURY, CT | ANTIPHON, INC., NORWALK, CT | ARMSTRONG CORK COMPANY, LANCASTER, PA | ARROW SINTERED PRODUCTS COMPANY, FOREST PARK, IL | AUDIO SUTTLE CORP., NORWALK, CT | BAR-RAY PRODUCTS INC., BROOKLYN, NY | BARRY DIV./BARRY WRIGHT CORP., WATERTOWN, MA | BELTRAN ASSOCIATES, INC., BROOKLYN, NY | ... BLACHFORD, INC., TROY, MI |
|---|---|---|---|---|---|---|---|---|---|---|---|---|---|---|---|---|---|---|---|---|---|---|---|---|---|---|---|
| GLASS FIBER | | | | | | | | | | | | | | | | | | | | | | | | | | | |
| FOAM | | | | | | | | | ● | | | | | | | | | | | | | | | | | | ● |
| SPRAY-ON MATERIALS | | | | | | | | | | | | | | | | | | | | | | | | | | | |
| CEILING MATERIALS | | | | | | | | | | ● | | | ● | | | | | | | | ● | | | | | | |
| ABSORBERS & PANELS | | | | | | | | | | | | | | | | | | | | | | | | | | | |
| ENCLOSURES & BOOTHS | | | ● | | ● | ● | | | | | | | | | | | | | | | | | ● | | | | |
| LEAD | | | | | | | | | | | | | | | | | | ● | | | | | | | | | ● |
| FLEXIBLE SHEET BARRIERS | ● | | | | | | | | | | | | | | | ● | | | | | | | | ● | | | ● |
| WINDOWS | | | | | | | | | | | | | | | ● | | | | | | | | | | | | ● |
| WALLS, PARTITIONS, & DOORS | | ● | ● | | ● | ● | | | | | | | | | | | | | | ● | | | | | | | |
| SPRING ISOLATORS | | | | ● | | | | | | | | | | ● | | | | | | | | | | | ● | | |
| ELASTOMER PADS | | | | ● | | | | ● | | | | | | ● | | | | | | | | | | | ● | ● | |
| PNEUMATIC (ACTIVE) ISOLATORS | | | | | | | | | | | | | | ● | | | | | | | | | | | ● | | |
| FLOATING FLOORS | | | | | | | | | | | | | | ● | | | | | | | | | | | ● | | |
| FLEXIBLE COUPLINGS | | | | | | | | | | | ● | | | | | | | | ● | | | | | | | | |
| SPRAY-ON, TROWEL-ON DAMPING | | | | | | | | | | | | | | | | | | | | | | | | | ● | | ● |
| DAMPING TILES, SHEETS, PADS | | | | | | | | | | | | | | | | | | | | | | | | | ● | | ● |
| CONSTRAINED LAYER DAMPING | | | | | | | | | | | | | | | | | | | | ● | | | | | ● | | |
| DUCT SILENCERS | | | | | ● | ● | ● | | | | | | | | | | ● | | | | | | | | | | |
| GAS TURBINE SILENCERS | | | | | ● | | | | | | | | | | | | ● | | | | | | | | | | |
| INLET & EXHAUST SILENCERS | | | | | ● | | | | | | | | | | | | ● | | | | | | | | | | |
| PNEUMATIC SILENCERS | | | | | ● | | | | | | | ● | | | | | ● | | | | | ● | | | | | |
| VENTS | | | | | ● | | | | | | | | | | | | ● | | | | | | | | | | |

| | BOISE CASCADE, PORTLAND, OR | BRUNSWICK CORP., SKOKIE, IL | BURGESS INDUSTRIES, DALLAS, TX | GEORGE A. CANTRICK COMPANY, INC., DETROIT, MI | L.E. CARPENTER AND COMPANY, NEW YORK, NY | THE CELOTEX CORP., TAMPA, FL | CERTAIN-TEED PRODUCTS CORP., CSG GROUP, VALLEY FORGE, PA | CHICAGO METALLIC CORP., CHICAGO, IL | CONSOLIDATED KINETICS CORP., COLUMBUS, OH | CONWED CORP., ST. PAUL, MN | COWL DIV. OF JAMES B. CARTER, WINNIPEG, MANITOBA, CANADA | DEARBORN GLASS COMPANY, BEDFORD PARK, IL | DEVAC, INC., MINNEAPOLIS, MN | DIAMOND PERFORATED METALS COMPANY, GARDENA, CA | DONN PRODUCTS, INC., WESTLAKE, OH | DOW CORNING CORP., MIDLAND, MI | DURACOTE CORP., RAVENNA, OH | ECKOUSTIC DIV., ECKEL INDUSTRIES, CAMBRIDGE, MA | EGGERS PLYWOOD COMPANY, TWO RIVERS, WI | ELECTRO-IONIC SYSTEMS, INC., SANTA CLARA, CA | ENGINEERED PRODUCTS, CLEARWATER, FL | ENVIRONEERING, INC., SKOKIE, IL | ENVIRONMENTAL SERVICES AND PRODUCTS, INC., DAYTON, OH | FABREEKA PRODUCTS COMPANY, BOSTON, MA | FARR COMPANY, EL SEGUNDO, CA | FERRO CORP./COMPOSITES DIV., NORWALK, CT | FIRESTONE INDUSTRIAL PRODUCTS COMPANY, NOBLESVILLE, IN |
|---|---|---|---|---|---|---|---|---|---|---|---|---|---|---|---|---|---|---|---|---|---|---|---|---|---|---|---|
| LASS FIBER | | | | | | | • | | | | | | | | | | | | | | | | | | | | |
| OAM | | | | • | | | | | • | | | | | | | | | • | | • | | | • | | | • | |
| PRAY-ON MATERIALS | | | | | | | | | | | | | | | | | | | | | | | | | | | |
| EILING MATERIALS | • | | | • | | • | • | • | | • | | | | • | • | | | | | | | | | | | | |
| BSORBERS & PANELS | | • | | | • | | | | • | | • | | | | | | | | | | | | | | | | |
| NCLOSURES & BOOTHS | | | | | | | | | • | | • | | | | | | | • | | | | | • | | | | |
| EAD | | | | | | | | | | | | | | | | | | | | | | | | | | | |
| LEXIBLE SHEET BARRIERS | | | | | | | | | • | | | | | | | | • | • | • | • | | | | | | • | |
| INDOWS | | | | | | | | | | | | • | • | | | | | | | | | | | | | | |
| ALLS, PARTITIONS, & DOORS | | | | | | | | | • | | • | | | | | | | • | • | | | | | | | | |
| PRING ISOLATORS | | | | | | | | | • | | | | | | | | | | | | | | • | | | | |
| LASTOMER PADS | | | | | | | | | • | | | | | | | | | | | | | | • | • | | | |
| NEUMATIC (ACTIVE) ISOLATORS | | | | | | | | | • | | | | | | | | | | | | | | | | | | • |
| LOATING FLOORS | | | | | | | | | • | | | | | | | | | | | | | | | | | | |
| LEXIBLE COUPLINGS | | | | | | | | | | | | | | | | | | | | | | | | | | | |
| PRAY-ON, TROWEL-ON DAMPING | | | | | | | | | • | | | | | | | | | | | | | | | | | • | |
| AMPING TILES, SHEETS, PADS | | | | | | | | | • | | • | | | | | • | | | | | | | | | | • | |
| ONSTRAINED LAYER DAMPING | | | | | | | | | | | | | | | | | | | | | | | • | | | | |
| UCT SILENCERS | | | | | | | | | • | | | | | | | | | | | | | | | | | | |
| AS TURBINE SILENCERS | | | • | | | | | | | | • | | | | | | | • | | | | | | | • | | |
| NLET & EXHAUST SILENCERS | | | • | | | | | | | | • | | | | | | | | | | • | • | | | • | | |
| NEUMATIC SILENCERS | | | | | | | | | | | • | | | | | | | | | | | | | | | | |
| ENTS | | | • | | | | | | | | | | | | | | | | | | • | | | | | | |

| | FLEXONICS, BARTLETT, IL | FLUID KINETICS CORP., VENTURA, CA | GAF CORP./INDUSTRIAL PRODUCTS DIV., GREENWICH, CT | GIA MANUFACTURING CORP., PISCATAWAY, NJ | GALLAGER CORP., GLENVIEW, IL | GARLOCK INC., PALMYRA, NY | GAST MANUFACTURING CORP., BENTON HARBOR, MI | GATES ACOUSTINET INC., SANTA ROSA, CA | GENERAL ACOUSTICS CORP., LOS ANGELES, CA | GENERAL NOISECONTROL CORP., LITTLE FALLS, NJ | GENERAL RUBBER CORP., SO. HACKENSACK, NJ | GEORGIA PACIFIC, PORTLAND, OR | GILMORE INDUSTRIES, INC., CLEVELAND, OH | GLOBE-AMERADA GLASS COMPANY, ELK GROVE VILLAGE, IL | GLOBE INDUSTRIES, INC./ACOUSTIC-PAD DIV., CHICAGO, IL | GOODALL RUBBER COMPANY, TRENTON, NJ | GOODYEAR TIRE AND RUBBER COMPANY, AKRON, OH | GREER HYDRAULICS, INC., LOS ANGELES, CA | HECHT RUBBER COMPANY, JACKSONVILLE, FL | HEWITT-ROBINS INC., BUFFALO, NY | HOLCOMB & HOKE MANUFACTURING CO. INC., INDIANAPOLIS, IN | HYDRA-ZORB COMPANY, PONTIAC, MI | HYDRIL COMPANY, LOS ANGELES, CA | I.D.E. PROCESSES CORP., KEW GARDENS, NY | I.S.I. MANUFACTURING INC., FRASER, MI |
|---|---|---|---|---|---|---|---|---|---|---|---|---|---|---|---|---|---|---|---|---|---|---|---|---|---|
| GLASS FIBER | | | | | | | | | | | | ● | | | | | | | | | | | | | |
| FOAM | | | | ● | | | | | | | | | | | | | | | | | | | | | |
| SPRAY-ON MATERIALS | | | | | | | | | | | | | | | | | | | | | | | | | |
| CEILING MATERIALS | | | | | | | | | | | | ● | | | | | | | | | | | | | |
| ABSORBERS & PANELS | | | | | | | | | ● | ● | | | | | | | | | | | | | | | |
| ENCLOSURES & BOOTHS | | | | | | | ● | ● | ● | ● | | | | | | | | | | | | | | ● | |
| LEAD | | | | | | | | | | | | | | | | | | | | | | | | | |
| FLEXIBLE SHEET BARRIERS | | | ● | | | | | | | | | | | | ● | | | | | | | | | | |
| WINDOWS | | | | | | | | | | | | | | ● | | | | | | | | | | | |
| WALLS, PARTITIONS, & DOORS | | | | | | | | | ● | | | | | | | | | | | | ● | | | ● | |
| SPRING ISOLATORS | | | | | | | | | | | | | | | | | | | | | | | | | |
| ELASTOMER PADS | | | | | ● | | | | | | | | ● | | | | ● | | ● | | | ● | | | |
| PNEUMATIC (ACTIVE) ISOLATORS | | | | | | | | | | | | | | | | | | | | | | | | | |
| FLOATING FLOORS | | | | | | | | | | | | | | | | | | | | | | | | | |
| FLEXIBLE COUPLINGS | ● | | | | | ● | | | | | ● | | | | | ● | | | | ● | | | | | |
| SPRAY-ON, TROWEL-ON DAMPING | | | | | | | | | | | | | | | | | | | | | | | | | |
| DAMPING TILES, SHEETS, PADS | | | ● | | | | | | | | | | | | ● | | | | | | | | | | |
| CONSTRAINED LAYER DAMPING | | | | | | | | | | | | | | | | | | | | | | | | | |
| DUCT SILENCERS | | | | | | | | | | | | | | | | | | | | | | | | ● | |
| GAS TURBINE SILENCERS | | | | | | | | | ● | | | | | | | | | | | | | | | | |
| INLET & EXHAUST SILENCERS | | | | | | | | | ● | | | | | | | | | | | | | | | ● | |
| PNEUMATIC SILENCERS | | | | | | | | | ● | | | | | | | | | ● | | | | | ● | | ● |
| VENTS | | ● | | | | | | | ● | | | | | | | | | ● | | | | | ● | | |

| | INESCON, INC., HUDSON, OH | INLAND-RYERSON CONSTRUCTION PRODUCTS COMPANY, MILWAUKEE, WI | INSUL-COUSTIC/BIRMA CORP., SAYREVILLE, NJ | JAMISON DOOR COMPANY, HAGERSTOWN, MD | JOHNS-MANVILLE, DENVER, CO | JOHNSON METAL HOSE INC., WATERBURY, CT | KEENE CORP./NOISE CONTROL DIV., N. BRUNSWICK, NJ | KITTELL DIV./DONALDSON COMPANY, INC., LOS ANGELES, CA | GEORGE KOCH SONS, INC., EVANSVILLE, IN | KOPPERS CO. INC./ENVIRONMENTAL SYSTEMS DIV., BALTIMORE, MD | KORFUND DYNAMICS CORP., WESTBURY, NY | LA FAVORITE RUBBER MANUFACTURING COMPANY, HAWTHORNE, NJ | LAMBDA CORP., WHIPPANY, NJ | LEHIGH FLUID POWER, INC., LAMBERTVILLE, NJ | LINEX CORP., STAFFORD SPRINGS, CT | H.F. LIVERMORE CORP., BOSTON, MA | LORD KINEMATICS, ERIE, PA | MB ELECTRONICS, NEW HAVEN, CT | MACHINERY MOUNTINGS, INC., FARMINGDALE, NY | MASON INDUSTRIES, INC., HOLLIS, NY | MERCER RUBBER COMPANY, TRENTON, NJ | METAL BUILDING INTERIOR PRODUCTS COMPANY, CLEVELAND, OH | METRAFLEX COMPANY, CHICAGO, IL | MODERN PARTITIONS, INC., HOLLAND, MI | MODERNFOLD, AN AMERICAN-STANDARD COMPANY, NEW CASTLE, IN | MONSANTO COMMERCIAL PRODUCTS COMPANY, ST. LOUIS, MO | C.W. MORRIS COMPANY, LIVONIA, MI |
|---|---|---|---|---|---|---|---|---|---|---|---|---|---|---|---|---|---|---|---|---|---|---|---|---|---|---|---|
| GLASS FIBER | | | | | ● | | | | | | | | | | | | | | | | | ● | | | | | |
| FOAM | | | | | | | | | | | ● | | | | | | | | | | | | | | | ● | |
| SPRAY-ON MATERIALS | | | | | | | | | | | | | | | | | | | | | | ● | | | | | |
| CEILING MATERIALS | | ● | | | | | ● | | | | | | | | | | | | | | | | | | | | |
| ABSORBERS & PANELS | | ● | ● | | | | | | | | | | | | | | | | | | | ● | | | | ● | |
| ENCLOSURES & BOOTHS | ● | | | | | | ● | | ● | ● | ● | | | | | | | | | | | | | | | | |
| LEAD | | | | | | | | | | | | | | | | | | | | | | | | | | | |
| FLEXIBLE SHEET BARRIERS | | | ● | | | | | | | | ● | | ● | | | | | | | | | | | | | | |
| WINDOWS | | | | | | | | | | | | | | | | | | | | | | | | | | | |
| WALLS, PARTITIONS, & DOORS | | | | ● | | | | | ● | ● | ● | | | | | | | | | | | | | ● | ● | | |
| SPRING ISOLATORS | | | | | | | | | | | ● | | | | | | ● | | ● | ● | | | | | | | |
| ELASTOMER PADS | | | ● | | | | | | | | ● | | | | | ● | ● | ● | ● | ● | | | | | | | |
| PNEUMATIC (ACTIVE) ISOLATORS | | | | | | | | | | | | | | | | | ● | | | ● | | | | | | | |
| FLOATING FLOORS | | | | | | | | | | | | | | | | | | | ● | ● | | | | | | | |
| FLEXIBLE COUPLINGS | | | | | | ● | | | | | | ● | | | ● | | ● | | | ● | ● | | ● | | | | |
| SPRAY-ON, TROWEL-ON DAMPING | | | | | | | | | | | ● | | | | | | ● | | | | | | | | | | |
| DAMPING TILES, SHEETS, PADS | | | | | | | | | | | | | ● | | | | ● | | | | | | | | | | |
| CONSTRAINED LAYER DAMPING | | | | | | | | | | | | | | | | | ● | | | | | | | | | | |
| DUCT SILENCERS | | | | | ● | | ● | | | ● | ● | | | | | | | | | | | | | | | | |
| GAS TURBINE SILENCERS | | | | | | | ● | ● | | ● | | | | | | | | | | | | | | | | | |
| INLET & EXHAUST SILENCERS | | | | | | | ● | ● | | ● | ● | | | | | | | | | | | | | | | | |
| PNEUMATIC SILENCERS | | | | | | | | ● | | ● | | | | ● | | | | | | | | | | | | | ● |
| VENTS | | | | | | | | ● | | ● | | | | | | | | | | | | | | | | | |

| | NATIONAL CELLULOSE CORP., HOUSTON, TX | NAT'L GYPSUM CO./GOLD BOND BLDG. PRODUCTS DIV., BUFFALO, NY | NATIONAL RESEARCH CORP., BILLERICA, MA | NICHOLS DYNAMICS, INC., WALTHAM, MA | NICHOLS ENGINEERING, INC., SHELTON, CT | NICHOLSON COMPANY, WILKES-BARRE, PA | NOISE MEASRMNT & CONTR. DIV./NAT'L RESEARCH CORP., WAYNE, PA | NORTON COMPANY, SEALANT OPERATIONS, GRANVILLE, NY | OVERLY MANUFACTURING COMPANY, GREENSBURG, PA | OWENS-CORNING FIBERGLAS CORP., TOLEDO, OH | PANELFOLD DOORS, INC., MIAMI, FL | PERMAFILTER DIV./BONDED PRODUCTS, INC., WRENTHAM, MA | PIONEER INDUSTRIES, CARLSTADT, NJ |
|---|---|---|---|---|---|---|---|---|---|---|---|---|---|
| GLASS FIBER | | | | ● | | | | | | ● | | | |
| FOAM | | | | ● | | | | | | | | | |
| SPRAY-ON MATERIALS | ● | | | | | | | | | | | | |
| CEILING MATERIALS | | ● | | | | | | | | ● | | | |
| ABSORBERS & PANELS | | ● | | ● | | | ● | | | ● | | | |
| ENCLOSURES & BOOTHS | | | | | | | ● | | | | | | |
| LEAD | | | | | | | | | | | | | |
| FLEXIBLE SHEET BARRIERS | | | | ● | | | ● | ● | | | | | |
| WINDOWS | | | | | | | | | | | | | |
| WALLS, PARTITIONS, & DOORS | | | | | | | ● | | ● | | ● | | ● |
| SPRING ISOLATORS | | | | | ● | | | | | | | | |
| ELASTOMER PADS | | | ● | | ● | | | | | | | | |
| PNEUMATIC (ACTIVE) ISOLATORS | | | | | | | | | | | | | |
| FLOATING FLOORS | | | | | | | | | | | | | |
| FLEXIBLE COUPLINGS | | | | | | | | | | | | | |
| SPRAY-ON, TROWEL-ON DAMPING | | | | | | | | | | | | | |
| DAMPING TILES, SHEETS, PADS | | | ● | ● | | | ● | | | | | | |
| CONSTRAINED LAYER DAMPING | | | ● | | | | ● | | | | | | |
| DUCT SILENCERS | | | | | | | | | | | | | |
| GAS TURBINE SILENCERS | | | | | | | | | | | | | |
| INLET & EXHAUST SILENCERS | | | | | | | | | | | | | |
| PNEUMATIC SILENCERS | | | | | | ● | | | | | | ● | |
| VENTS | | | | | | | | | | | | | |

| | PITTSBURGH CORNING CORP., PITTSBURGH, PA | PRECISION ACOUSTICS CORP., NEW YORK, NY | THE PRESRAY CORP., PAWLING, NY | THE PROUDFOOT COMPANY, INC., GREENWICH, CT | QUAKER STATE OIL REFINING CORP., OIL CITY, PA | QUIETFLO CORP., NANUET, NY | RAY PROOF CORP., NORWALK, CT | RED VALVE COMPANY, INC., CARNEGIE, PA | REDDAWAY MANUFACTURING CO. INC., NEWARK, NJ | REEVES-BOWMAN CORP., PITTSBURGH, PA | RICHARDS-WILCOX MANUFACTURING COMPANY, AURORA, IL | RILEY-BEAIRD, INC., SHREVEPORT, LA | RINK DIV./ISI, TUCSON, AZ |
|---|---|---|---|---|---|---|---|---|---|---|---|---|---|
| GLASS FIBER | | | | | | | | | | | | | |
| FOAM | | | | | | | | | | | | | |
| SPRAY-ON MATERIALS | | | | | | | | | | | | | |
| CEILING MATERIALS | | | | | | | | | | ● | | | |
| ABSORBERS & PANELS | ● | | | ● | | | | | | | | | |
| ENCLOSURES & BOOTHS | | | | | | | ● | | | | | | |
| LEAD | | | | | | | | | | | | | |
| FLEXIBLE SHEET BARRIERS | | | | | | | | | | | | | |
| WINDOWS | | | | | | | | | | | | | |
| WALLS, PARTITIONS, & DOORS | | ● | ● | ● | | | | | | | ● | | |
| SPRING ISOLATORS | | | | | | | | | | | | | |
| ELASTOMER PADS | | | | | | | | | | | | | |
| PNEUMATIC (ACTIVE) ISOLATORS | | | | | | | | | | | | | |
| FLOATING FLOORS | | | | | | | | | | | | | |
| FLEXIBLE COUPLINGS | | | | | | | | ● | | | | | |
| SPRAY-ON, TROWEL-ON DAMPING | | | | | ● | | | | ● | | | | |
| DAMPING TILES, SHEETS, PADS | | | | | | | | | | | | | |
| CONSTRAINED LAYER DAMPING | | | | | | | | | | | | | |
| DUCT SILENCERS | | | | | | | | | | | | | ● |
| GAS TURBINE SILENCERS | | | | | | | | | | | | ● | |
| INLET & EXHAUST SILENCERS | | | | | | ● | | | | | | ● | |
| PNEUMATIC SILENCERS | | | | | | | | | | | | | |
| VENTS | | | | | | | | | | | | ● | |

| | ROSS ENGINEERING, NEW BRUNSWICK, NJ | ROYAL PRODUCTS, PLAINVIEW, NY | SCHNELLER & ASSOCIATES, KENT, OH | SCOTT PAPER CO./FOAM DIV., CHESTER, PA | SCOVILL, WAKE FOREST, NC | SIMPLEX CEILING CORP., NEW YORK, NY | SIMPSON TIMBER COMPANY, SEATTLE, WA | SINGER PARTITIONS, INC., CHICAGO, IL | SITELINES, INC., ROCKVILLE, MD | SONICBAR DIV./RYSDON PRODUCTS COMPANY, CHICAGO, IL | SONOTEK, NEW BERLIN, WI | SOUND FIGHTER SYSTEMS, SHREVEPORT, LA | THE SOUNDCOAT COMPANY, INC., BROOKLYN, NY | SPECIALTY COMPOSITES CORP., NEWARK, DE | SPENCE ENGINEERING COMPANY, INC., WALDEN, NY | SPRAYON RESEARCH CORP., FT. LAUDERDALE, FL | STARK CERAMICS, INC., CANTON, OH | STARRCO COMPANY, INC., ST. LOUIS, MO | STOCK DRIVE PRODUCTS, NEW HYDE PARK, NJ | STROBIC AIR CORP., TRENTON, NJ | SWANSON-ERIE CORP., ERIE, PA | SYSTEMS ENGINEERING AND MANUFACTURING COMPANY, HOUSTON, TX | TARGET ENTERPRISES, INC., WESTBURY, NY | THERMO TECH, INC., DENVER, CO | 3M COMPANY/INDUSTRIAL SPECIALTIES DIV., ST. PAUL, MN | TITEFLEX DIV. OF ATLAS CORP., SPRINGFIELD, MA | TRACOUSTICS, INC., ARVADA, CO |
|---|---|---|---|---|---|---|---|---|---|---|---|---|---|---|---|---|---|---|---|---|---|---|---|---|---|---|---|
| GLASS FIBER | | | | | | | | | | | | | | | | | | | | | | | | | | | |
| FOAM | | | ● | ● | | | | | | | | | ● | ● | | | | | | | | | | | | | |
| SPRAY-ON MATERIALS | | | | | | | | | | | | | | | | ● | | | | | | | | | | | |
| CEILING MATERIALS | | | | | | ● | ● | | | | | | | | | | | | | | | | | | | | |
| ABSORBERS & PANELS | | | | | | | | | | | | | | | | | | | | | | | | | | | |
| ENCLOSURES & BOOTHS | ● | | | | | | | ● | | ● | ● | ● | | | | | ● | ● | | | ● | ● | | | | | ● |
| LEAD | | | | | | | | | | | | | | | | | | | | | | | | | | | |
| FLEXIBLE SHEET BARRIERS | | | ● | | | | | ● | | | | | ● | | | | | | | | | | | | | | |
| WINDOWS | | | | | | | | | ● | | | | | | | | | | | | | | | | | | |
| WALLS, PARTITIONS, & DOORS | | | | | | | | ● | | ● | | | | | | | ● | | | | | | | | | | |
| SPRING ISOLATORS | | | | | | | | | | | | | | | | | | | ● | | | | ● | | | | |
| ELASTOMER PADS | | ● | | | | | | | | | | | | | | | | | ● | | | | | | | | |
| PNEUMATIC (ACTIVE) ISOLATORS | | | | | | | | | | | | | | | | | | | | | | | | | | | |
| FLOATING FLOORS | | | | | | | | | | | | | | | | | | | | | | | | | | | |
| FLEXIBLE COUPLINGS | | | ● | | | | | | | | | | | | | | | | ● | | | | | ● | | ● | |
| SPRAY-ON, TROWEL-ON DAMPING | | | | | | | | | | | | | ● | | | | | | | | | | | | | | |
| DAMPING TILES, SHEETS, PADS | | | | | | | | | | | | | ● | | | | | | | | | | | | ● | | |
| CONSTRAINED LAYER DAMPING | | | | | | | | | | | | | ● | | | | | | | | | | | | ● | | |
| DUCT SILENCERS | | | | | | | | | | | | | | | | | | | | ● | | | | | | | |
| GAS TURBINE SILENCERS | | | | | | | | | | | | | | | | | | | | | | | | | | | |
| INLET & EXHAUST SILENCERS | | | | | | | | | | | | | | | | | | | | | | | | | | | |
| PNEUMATIC SILENCERS | | | | | ● | | | | | | | | | | ● | | | | | | | | | | | | |
| VENTS | | | | | | | | | | | | | | | | | | | | | | | | | | | |

| | TRANSCO, INC., ANNAPOLIS, MD | TULL ENVIRONMENTAL SYSTEMS, ATLANTA, GA | U.F. CHEMICAL CORP., WOODSIDE, NY | U.S. PLYWOOD, NEW YORK, NY | UNIROYAL, INC., PASSAIC, NJ | UNISORB MACHINERY INSTALLATION SYSTEMS, MILLBURY, MA | UNITED STATES GYPSUM COMPANY, CHICAGO, IL | UNIVERSAL METAL HOSE COMPANY, CHICAGO, IL | UNIVERSAL SILENCER CORP., LIBERTYVILLE, IL | VAN SAN CORP., CITY OF INDUSTRY, CA | VENEERED METALS, INC., EDISON, NJ | VIBRASONICS, FORT WORTH, TX | VIBRATION AND NOISE ENGINEERING COMPANY, DALLAS, TX | VIBRATION ELIMINATOR COMPANY, INC., LONG ISLAND, NY | VIBRATION MOUNTINGS AND CONTROLS, INC., BUTLER, NJ | VIBRO/DYNAMICS CORP., LAGRANGE, IL | WEBSTER PRODUCTS COMPANY, SANTA ANA, CA | WILSHIRE FOAM PRODUCTS, INC., TORRANCE, CA | WILSON ENGINEERING CORP., CHICAGO, IL | XCUSTEX, PALO ALTO, CA | DOUG BIRON ASSOCIATES, BUFORD, GA | UNITED ENGINEERING COMPANY, ATLANTA, GA |
|---|---|---|---|---|---|---|---|---|---|---|---|---|---|---|---|---|---|---|---|---|---|---|
| GLASS FIBER | | | | | | | • | | | | | | | | | | | | | | • | |
| FOAM | | • | • | | | | | | | | | | | | | | | • | | | • | • |
| SPRAY-ON MATERIALS | | | | | | | | | | | | | | | | | | | | | | |
| CEILING MATERIALS | | | | • | | | • | | | | | | | | | | | | | | | |
| ABSORBERS & PANELS | | • | | | | | • | | | | | | | | | | | | | | • | • |
| ENCLOSURES & BOOTHS | • | • | | | | | | | | • | | | • | | | | • | | | • | • | • |
| LEAD | | • | | | | | | | | | | | | | | | | | | | • | |
| FLEXIBLE SHEET BARRIERS | | • | | | | | | | | | | | | | | | | | | | • | • |
| WINDOWS | | | | | | | | | | | | | | | | | | | | | | |
| WALLS, PARTITIONS, & DOORS | • | • | | • | | | | | | | • | | • | | | | | | | | • | • |
| SPRING ISOLATORS | | | | | | | | | | | | | | • | • | • | | | | | • | • |
| ELASTOMER PADS | | • | | | | • | | | | | | | | • | • | • | | | | | • | • |
| PNEUMATIC (ACTIVE) ISOLATORS | | | | | | | | | | | | | | | | | | | | | • | • |
| FLOATING FLOORS | | | | | | | | | | | | | | | | | | | | | • | • |
| FLEXIBLE COUPLINGS | | | | | • | | | • | | | | | | | | | | | | | | |
| SPRAY-ON, TROWEL-ON DAMPING | | • | | | | | | | | | | | | | | | | | | | • | • |
| DAMPING TILES, SHEETS, PADS | | • | | | | | | | | | | | | | | | | | | | • | • |
| CONSTRAINED LAYER DAMPING | | • | | | | | | | | | • | | | | | | | | | | • | |
| DUCT SILENCERS | | | | | | | | | | | | | | | | | | | | | • | • |
| GAS TURBINE SILENCERS | | | | | | | | | | | | | • | | | | | | | | | |
| INLET & EXHAUST SILENCERS | | | | | | | | | • | | | | • | | | | | | | | | • |
| PNEUMATIC SILENCERS | | • | | | | | | | | | | | | | | | | | | | • | |
| VENTS | | | | | | | | | | | | | • | | | | | | • | | | |

JOB SIMULATION EXPERIENCE

At the end of each chapter a Job Simulation Experience will be given. This experience will help you gain an overall view of the problems involved in noise control.

JOB 1

The AJAX* Plant is comprised of several buildings, as illustrated in Figure 2. You are the noise consultant assigned to this project. Based on the equipment specified, submit an estimate to the client of the direct engineering cost. Assume a unit rate of $30 per engineering hour, excluding the community sound survey. Use the low hour estimate of Table II. The client will review your answers, and the expected analysis will follow each problem.

Potential Indoor Equipment Noise Offenders:

21 - 1800 RPM, 200 HP motors
1 - 3600 RPM, 125 HP motor
1 - compressor
1 - chiller
2 - control valves
100'- vacuum piping
2 - substations

ANALYSIS

For each fan, pump, and cooling tower there is an associated motor. Both motor and driven equipment are potential noise offenders.

Number of Sources Outdoors (From Figure 2):

26 H & V fans and motors
1 forced draft fan and motor
2 pumps and motors
1 cooling tower and motor
4 vents
2 intake louvers
1 outdoor substation

Total outdoor potential noise sources:
$(30 \times 2) + 4 + 2 + 1 = 67$

Note: Each piece of driven equipment has an associated motor. Thus, the number of driven sources (fans, pumps, and cooling towers) is multiplied by 2.

* The AJAX Plant is fictitious, but the principles that you will experience are not.

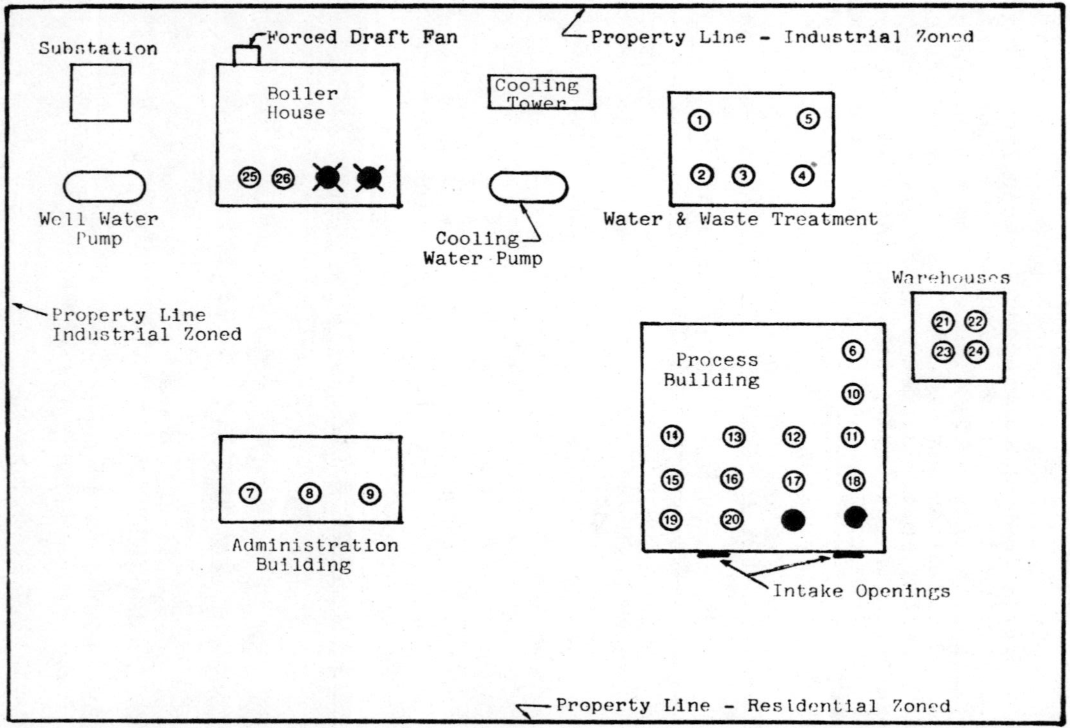


FIGURE 2. PLOT PLAN OF AJAX PLANT.

Since the number of indoor sources is given as 29, the total number of potential noise sources is 96.

Activity List

| | | Hours |
|---|---|---|
| Establish outdoor noise criteria | = | 10 |
| Estimate operator exposure time (10 x 5) | = | 50 |
| Establish occupational noise criteria | = | 10 |
| Establish office, auditorium, etc. noise criteria | = | 10 |
| Project specification | = | 10 |
| Estimate sound levels of equipment | = | 96 |
| Establish noise reduction requirement for each offender (offender types--motors, pumps, chillers, compressers, steam vents, process vents, control valves, vacuum piping, cooling towers, substations, boilers, and fans) (5 x 12) | = | 60 |
| Review bids (.5 x 96) | = | 48 |
| Compile actual noise data (.5 x 96) | = | 48 |
| Write silencing specification (10 x 12) | = | 120 |
| Analyze bids and purchase silencing equipment (10 x 12) | = | 120 |
| Prepare overall plant summary | = | 20 |
| | = | 602 |
| General coordination (10% of above) | | 60 |
| Field measurements | | 40 |
| | | 702 |

Consulting Cost (702 x $30 per hour) = $21,060.

Even though pumps or other equipment may not need a separate silencing specification it would still be acceptable to make the above allowance since unforeseen problems are always a factor in design. Thus if you submitted a fee of approximately $21,000, you probably would be in the ballpark. You must remember that if you are participating at the beginning of a project, equipment is likely to change. The above allocation should account for normal design changes.

# CHAPTER 2

# GETTING DOWN TO BASICS

## *CHAPTER 2 - GETTING DOWN TO BASICS*

If you are confused by the different noise formulas and log manipulations, then this chapter is for you. By definition the sound power level, $L_W$, in decibels, dB, is defined as

$$L_W = 10 \log \frac{w}{10^{-12}} \qquad (1)$$

where w = acoustical power in watts
$10^{-12}$ = standard reference power in watts

In this book sound power level is referenced to $10^{-12}$ watts unless specifically stated otherwise. Older articles sometimes used $10^{-13}$.

Sound pressure level, $L_p$, in dB is defined as

$$L_p = 20 \log \frac{p}{0.0002 \text{ microbars}} \qquad (2)$$

where p = sound pressure (rms) in microbars

A microbar is a dyne per square centimeter. In this book sound pressure level is referenced to 0.0002 microbars unless specifically stated otherwise.

Before we can manipulate the various noise formulas, let us review the log and its properties.

### Rolling Off a Log

Remember the good old days when logs were taught in high school? If you do, skip this part; if you don't, read on.

A logarithm consists of two parts: the characteristic and the mantissa. To find the log of a number we must first express it in scientific notation -- a number from 1 to 10 multiplied by 10 to a power:

$$400 = 4 \times 10^2$$
$$0.0006 = 6 \times 10^{-4}$$

The characteristic of the logarithm is the power of 10, and the mantissa is the number found in the log table, Table IV.

The logarithms in this book are referenced to the base 10 unless otherwise stated.

Thus, $\log 1 = 0$
$\log 10 = 1$
$\log 100 = 2$
$\log 10^{-1} = -1$
$\log 10^{-2} = -2$, etc.

TABLE IV

TWO PLACE LOGARITHMS

| N | 0 | 1 | 2 | 3 | 4 | 5 | 6 | 7 | 8 | 9 |
|---|---|---|---|---|---|---|---|---|---|---|
| 1 | .00 | .04 | .08 | .11 | .15 | .18 | .20 | .23 | .26 | .28 |
| 2 | .30 | .32 | .34 | .36 | .38 | .40 | .42 | .43 | .45 | .46 |
| 3 | .48 | .49 | .50 | .52 | .53 | .54 | .56 | .57 | .58 | .59 |
| 4 | .60 | .61 | .62 | .63 | .64 | .65 | .66 | .67 | .68 | .69 |
| 5 | .70 | .71 | .72 | .72 | .73 | .74 | .75 | .76 | .76 | .77 |
| 6 | .78 | .79 | .79 | .80 | .81 | .81 | .82 | .83 | .83 | .84 |
| 7 | .85 | .85 | .86 | .86 | .87 | .88 | .88 | .89 | .89 | .90 |
| 8 | .90 | .91 | .91 | .92 | .92 | .93 | .93 | .94 | .94 | .95 |
| 9 | .95 | .96 | .96 | .97 | .97 | .98 | .98 | .99 | .99 | 1.0 |

In the following pages you will experience job situations and problems. Each simulation will be denoted by SIM. The answer will be given below the problem. Cover the answer so that you can "play the game".

SIM 1

What is the log of (a) 2?
(b) 2000?

ANSWER

(a) From Table IV, we find the logarithm of 2.0 to be the value 0.3.

(b) Converting to scientific notation, $2000 = 2.0 \times 10^3$

The log of 2000 is 3 (the power of ten) plus the log of 2.0

Log 2000 = 3.3

Similarly, the antilog of a number may be found by looking up the mantissa in Table IV, and converting this number and the characteristic back to scientific notation.

SIM 2

What is the antilog of 6.90?

ANSWER

From Table IV, the antilog of 0.90 is 8. Thus,

Antilog 6.90 = $8.0 \times 10^6$

Simple Rules of Log Manipulation

1. $\text{Log } A \bullet B = \text{Log } A + \text{Log } B$

2. $\text{Log } 1/A = -\text{Log } A$

3. $\text{Log } A^N = N \text{ Log } A$

SIM 3

Given $L_W$ = 90 dB, what is the sound power in watts?

ANSWER

From Equation (1), $L_w = 10 \log\left(\frac{w}{10^{-12}}\right)$

$$= 90$$

$$\frac{w}{10^{-12}} = \text{antilog}\left(\frac{90}{10}\right)$$

$$= \text{antilog } 9$$

$$\frac{w}{10^{-12}} = 1 \times 10^{9}$$

$$w = 1 \times 10^{-3} \text{ watts}$$

The basic power formula which relates the sound pressure level outdoors to the sound power level is given as

$$L_p = L_w + 10 \log\left(\frac{Q}{4\pi r^2}\right) + 10.5 \qquad (3)$$

where r = distance in feet from the source
and Q = directivity factor of the source
(to be explained in Chapter 5)

SIM 4

Show that Equation (3) can also be expressed as
$L_p$ (at r = x) = $L_p$ (r = y) - 20 log (x/y)

ANSWER

$$L_p(x) = L_w + 10 \log\left(\frac{Q}{4\pi}\right) - 10 \log x^2 + 10.5$$

$$L_p(y) = L_w + 10 \log\left(\frac{Q}{4\pi}\right) - 10 \log y^2 + 10.5$$

Subtract $L_p(y)$ from $L_p(x)$

$$L_p(x) - L_p(y) = -10 \log x^2 + 10 \log y^2$$

$$L_p(x) = L_p(y) - 20 \log (x/y) \qquad (4)$$

SIM 5

Show that as we double the distance from a source in free space the level decreases 6 dB. This is known as the inverse square law.

ANSWER

From SIM 4, $L_p(2y) = L_p(y) - 20 \log\left(\frac{2y}{y}\right)$

$$= L_p(y) - 20 \log 2$$

$$= L_p(y) - 6 \text{ dB}$$

SIM 6

Using Equation (3), show that: $L_W = L_p + 20 \log r + 0.5$, where Q = 1

Q = 1 represents a point source radiating uniformly in all directions.

ANSWER

$$L_p = L_W + 10 \log\left(\frac{Q}{4\pi r^2}\right) + 10.5$$

$$\begin{aligned} L_W &= L_p + 10 \log 4\pi + 20 \log r - 10.5 \\ &= L_p + 10(1.1) + 20 \log r - 10.5 \\ &= L_p + 11 - 10.5 + 20 \log r \\ &= L_p + 20 \log r + .5 \qquad (5) \end{aligned}$$

SIM 7

In older texts, $L_W$ is defined as

$$L_W(\text{old}) = 10 \log\left(\frac{W}{10^{-13}}\right)$$

What is the effect on the general noise formula, Equation (3)?

ANSWER

$$\begin{aligned} L_p &= L_W(\text{new}) + 10 \log\left(\frac{Q}{4\pi r^2}\right) + 10.5 \\ &= 10 \log\left(\frac{W}{10^{-13}} \times 10^{-1}\right) + 10 \log\left(\frac{Q}{4\pi r^2}\right) + 10.5 \\ &= 10 \log\left(\frac{W}{10^{-13}}\right) - 10 \log 10 + 10 \log\left(\frac{Q}{4\pi r^2}\right) + 10.5 \\ &= L_W(\text{old}) + 10 \log\left(\frac{Q}{4\pi r^2}\right) + .5 \qquad (6) \end{aligned}$$

By comparing this result with Equation (3), we see that if the old sound power levels are specified, the sound pressure formula is decreased by 10 decibels.

## Why Noise Formulas Look Different

Even though the below formulas seem different, they are all equivalent through log manipulations.

$$L_p = L_W + 10 \log\left(\frac{Q}{4\pi r^2}\right) + 10.5 \qquad \text{(r in ft.)} \qquad (3)$$

$$L_p = L_W + 10 \log\left(\frac{Q}{4\pi r^2}\right) + 0.2 \qquad \text{(r in meters)} \qquad (3a)$$

$$L_p(x) = L_p(y) - 20 \log\left(\frac{x}{y}\right) \qquad (4)$$

$$L_p = L_W - 20 \log r - .5 \qquad (Q = 1 \text{ \& r in ft.}) \qquad (5)$$

$$L_p = L_W + 10 \log\left(\frac{Q}{4\pi r^2}\right) + .5 \qquad (L_W \text{ is referenced to } 10^{-13} \text{ watts \& r in ft.}) \qquad (6)$$

## Sound Addition

The best way to illustrate addition of sound levels is to look at an example:

SIM 8

What is the resulting sound power level when two equal sound sources are combined?

ANSWER

$$L_W(A) = 10 \log\left(\frac{W}{10^{-12}}\right)$$

$$L_W(B) = 10 \log\left(\frac{W}{10^{-12}}\right)$$

$$L_W(A) + L_W(B) = 10 \log\left(\frac{2W}{10^{-12}}\right)$$

$$= 10 \log 2 + 10 \log\left(\frac{W}{10^{-12}}\right)$$

$$= 3 \text{ dB} + L_W(A)$$

The resulting sound power level is 3 decibels higher than either source.

SIM 9

Combine the sound power level of an 83 dB source with that of a second source of 80 dB.

ANSWER

$$L_{W_1} = 10 \log\left(\frac{W_1}{10^{-12}}\right)$$

$$= 83$$

$$\frac{W_1}{10^{-12}} = \text{antilog}\left(\frac{83}{10}\right)$$

$$= \text{antilog}\ (8.3)$$

$$\frac{W_2}{10^{-12}} = \text{antilog}\left(\frac{80}{10}\right)$$

$$= \text{antilog}\ (8)$$

$$\frac{W_1}{10^{-12}} = 2 \times 10^8$$

$$\frac{W_2}{10^{-12}} = 1 \times 10^8$$

$$\frac{W_1 + W_2}{10^{-12}} = 3 \times 10^8$$

$$L_{W_1} + L_{W_2} = 10 \log\ (3 \times 10^8)$$

$$= 10\ (8.48)$$

$$= 84.8 \text{ dB}$$

When combining sound levels we are essentially adding acoustic energy. By taking the logarithm of the algebraic sum of the acoustical power, the resulting sound level can be determined. The accuracy desired does not normally require the detailed logarithmic calculations as illustrated by SIM 8 and 9. By knowing the difference between any two sound sources the correction factor can be found from Table V.

It is important to note that the noise sources must be uncorrelated (sound pressures of random phase) for this scheme to work. If two sources are in-phase, the resulting sound pressure level may increase by 6 dB. If they are out-of-phase, they may cancel completely. The phenomena of correlated sound sources occurs infrequently.

TABLE V

ADDITION OF DECIBELS

| Difference Between Sound Sources | Correction Factor to be Added to Higher Decibel Sound Sources |
|---|---|
| 0 or 1 dB | 3 dB |
| 2 or 3 dB | 2 dB |
| 4 to 8 dB | 1 dB |
| 9 dB - up | 0 dB |

To compute the resulting sound level when more than two uncorrelated sources are involved, compute the resulting sound from any two sources. Proceed computing the resulting sound from any pair of sources until the resulting sound level is determined.

SIM 10

What is the resulting sound level from combining the following decibels? 76, 50, 85, 90, 87, 79

ANSWER

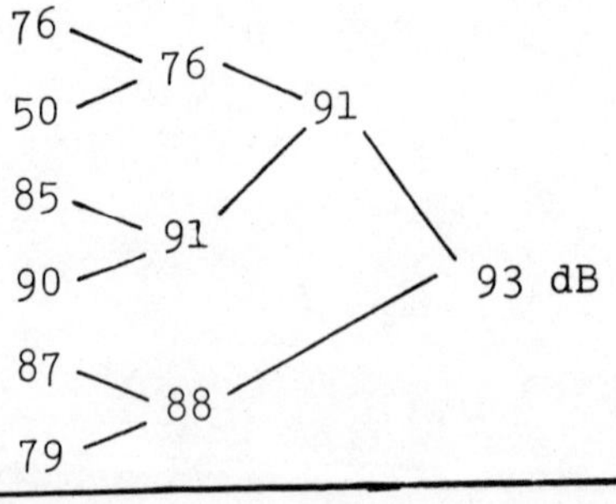


It is possible to reach slightly different answers depending upon the order in which the pairs are combined, but the results will seldom differ by more than a decibel.

SIM 11

Data from a cooling tower and HVAC fan manufacturer are given below. Assuming that both sources are 100 feet from an observer, compute the expected octave band sound pressure levels of both sources.

| | Octave Band Center Frequency, Hz | | | | | | | |
|---|---|---|---|---|---|---|---|---|
| | 63 | 125 | 250 | 500 | 1000 | 2000 | 4000 | 8000 |
| Cooling Tower, $L_p(100')$ | 60 | 70 | 77 | 80 | 88 | 76 | 70 | 70 |
| Fan & Motor $L_p(100')$ | 70 | 72 | 78 | 85 | 85 | 86 | 72 | 68 |

ANSWER

Applying Table V for decibel addition,

63 Hz: 60 dB + 70 dB = 70 dB
125 Hz: 70 dB + 72 dB = 74 dB
250 Hz: 77 dB + 78 dB = 81 dB
500 Hz: 80 dB + 85 dB = 86 dB
1000 Hz: 88 dB + 85 dB = 90 dB
2000 Hz: 76 dB + 86 dB = 86 dB
4000 Hz: 70 dB + 72 dB = 74 dB
8000 Hz: 70 dB + 68 dB = 72 dB

This method of combining noises can be used when combining sound power levels, sound pressure levels, decibels at different frequencies, or decibels at the same frequency.

A method for combining equal uncorrelated sources is to use the following relationship:

$$L_p \text{ (total)} = 10 \log N + L_p \text{ (single source)} \qquad (7)$$

where N = number of equal sound sources

## Describing a Sound Source

Words such as crash, bang, hum, buzz, and screech convey a description of the characteristics of a noise. Engineering design, however, requires a more specific knowledge of the frequency spectrum of the noise. A hum of a transformer is essentially low frequency noise, while the screeching of a subway is essentially high frequency noise.

A sound level meter uses filters to determine noise levels for various frequency bands. The standard distribution is composed of 10 octaves. An octave band is a frequency range with the ratio of 2:1 between its high and low frequencies. The octave bands and associated center frequencies are listed in Table VI.

TABLE VI

STANDARD OCTAVE BANDS

| Center Frequency, Hz | Octave Band, Hz |
|---|---|
| 31.5 | 22 - 44 |
| 63 | 44 - 88 |
| 125 | 88 - 177 |
| 250 | 177 - 355 |
| 500 | 355 - 710 |
| 1000 | 710 - 1420 |
| 2000 | 1420 - 2840 |
| 4000 | 2840 - 5680 |
| 8000 | 5680 - 11,360 |
| 16,000 | 11,360 - 22,720 |
| - Hz refers to the frequency in cycles per second - | |

The 31.5 and 16,000 Hz octave bands are seldom specified by equipment manufacturers, since they do not substantially influence the overall noise in most cases.

Prior to the adoption of these octave band frequencies, octave bands were specified by the frequency ranges of Table VII on the following page. The old octave band levels (found in older texts, articles, and ordinances) simply specify sound pressure levels for slightly different frequency ranges than the new octave bands. Most recent noise control legislation specifies the new octave bands. Table VIII presents conversion factors for converting old octave band levels to new octave band levels.

## TABLE VII

## OLD OCTAVE BANDS

| Octave Band, Hz |
|---|
| 37 - 75 |
| 75 - 150 |
| 150 - 300 |
| 300 - 600 |
| 600 - 1200 |
| 1200 - 2400 |
| 2400 - 4800 |
| 4800 - 9600 |

## TABLE VIII

## CONVERSION OF OLD OCTAVE BAND LEVELS TO NEW OCTAVE BAND LEVELS

| $L_2 - L_1$ | Correction to $L_1$ to get New Octave Data |
|---|---|
| 0 | 0 |
| 1 | .2 |
| 2 | .5 |
| 3 | .7 |
| 4 | 1.0 |
| 5 | 1.2 |
| 6 | 1.4 |
| 7 | 1.7 |
| 8 | 1.9 |
| 9 | 2.1 |
| 10 | 2.4 |
| 11 | 2.6 |
| 12 | 2.8 |

where $L_1$ = level in any old octave band
$L_2$ = level in next higher old octave band

Note: If $L_2 - L_1$ is negative, subtract the correction factor from $L_1$ .

If $L_2 - L_1$ is positive, add the correction factor to $L_1$ .

SIM 12

A noise consultant is reviewing a residential ordinance which is as follows:

| Old Octave Bands, Hz | Sound Pressure Level, dB |
|---|---|
| 37 - 75 | 64 |
| 75 - 150 | 64 |
| 150 - 300 | 59 |
| 300 - 600 | 54 |
| 600 - 1200 | 46 |
| 1200 - 2400 | 41 |
| 2400 - 4800 | 34 |
| 4800 - 9600 | 36 |

Convert this ordinance to new octave bands.

ANSWER

From Table VIII:

| $L_2 - L_1$ | New Octave Band Center Frequency | Correction | Sound Pressure Level in New Octave Band |
|---|---|---|---|
| 0 | 63 | 0 | 64 |
| -5 | 125 | -1.2 | 62.8 |
| -5 | 250 | -1.2 | 57.8 |
| -8 | 500 | -1.9 | 52.1 |
| -5 | 1K | -1.2 | 44.8 |
| -7 | 2K | -1.7 | 39.3 |
| +2 | 4K | + .5 | 34.5 |
| +2* | 8K | + .5 | 36.5 |

* take same $L_2 - L_1$ as for previous band

Vibration Basics

Just as sound pressures (psi, μ bar, dynes/cm$^2$) are expressed in decibels, so are vibration accelerations, velocities, and displacements also expressed in decibels based on corresponding reference vibrational quantities. The vibration acceleration ($L_a$), vibration velocity ($L_v$), and vibration displacement ($L_d$) are defined by the International Standards Organization (ISO) as illustrated in Table IX.

TABLE IX

VIBRATION DEFINITIONS (FROM ISO STANDARD)

| Vibration Level | Definition | Reference |
|---|---|---|
| Acceleration ($a$, m/sec$^2$) | $L_a = 20 \log \frac{a}{a_o}$ | $a_o = 10^{-5}$ m/sec$^2$ |
| Velocity ($v$, m/sec) | $L_v = 20 \log \frac{v}{v_o}$ | $v_o = 10^{-8}$ m/sec |
| Displacement ($d$, meters) | $L_d = 20 \log \frac{d}{d_o}$ | $d_o = 10^{-11}$ m |

The relationship between acceleration, a, velocity, v, displacement, d, and frequency, f, is expressed as:

$$a = 2\pi f v$$

$$= (2\pi f)^2 d \qquad (8)$$

SIM 13

What is $L_V$ for an acceleration at 2000 Hz of 1 g (9.8 meters per second squared)?

ANSWER

$$a = \frac{9.8 \text{ m}}{\text{sec}^2}$$

$$v = \frac{a}{2\pi f}$$

$$= \frac{9.8 \text{ m/sec}^2}{(6.28)(2000) \text{ Hz}}$$

$$= \frac{7.8 \times 10^{-4} \text{ m}}{\text{sec}}$$

$$L_V = 20 \log \frac{7.8 \times 10^{-4} \text{ m/sec}}{10^{-8} \text{ m/sec}}$$

$$= 97.8 \text{ dB}$$

Use of the dBA

While the human ear can hear sounds from about 20 Hz to 20,000 Hz, it is most sensitive to middle and high frequency noise. For example, the ear would perceive a 70 dB sound of 1000 Hz to be as loud as a 100 dB noise of 50 Hz.

To provide the measurement of noise in accordance with levels actually heard by the ear, engineers have devised the "A-Weighting Scale". This weighting corrects direct noise levels to levels as heard by the ear. This corrected noise level is called a dBA, and is the unit specified in most legal regulations, including OSHA. To obtain dBA levels from octave band data, the adjustment factors of Table X must be applied.

TABLE X

CONVERSION TO "A" SCALE READINGS

| | Octave Band Center Frequency, Hz | | | | | | | | |
|---|---|---|---|---|---|---|---|---|---|
| | 31.5 | 63 | 125 | 250 | 500 | 1000 | 2000 | 4000 | 8000 |
| Adjustment Factor | -39 | -26 | -16 | -9 | -3 | 0 | +1 | +1 | -1 |

The adjusted octave band levels may be combined using decibel addition to give a dBA noise level.

SIM 14

What is the noise level in dBA for the resulting HVAC fan and cooling tower noise sources of SIM 11 at 100'?

ANSWER

Using Table X:

dBA = (70 - 26) + (74 - 16) + (81 - 9) + (86 - 3) +

90 + (86 + 1) + (74 + 1) + (72 - 1)

= 44 + 58 + 72 + 83 + 90 + 87 + 75 + 71

= 92 (Using Table V for decibel addition)

Because of its simplicity, the tendency is for manufacturers to specify only the dBA reading. Also, it is easier to figure noise calculations with one number instead of eight. For detailed analysis, use more than the dBA. When noise control must be engineered, octave band data is needed. Different techniques are required to reduce low frequency noise than those needed to reduce high frequency. The dBA levels are also often inadequate when community noise ordinances specify permissible sound readings for each octave.

Figure 3 illustrates two different sounds with the same dBA. Plotting sound data is a good habit to acquire. Sometimes it is easier to identify a problem when the octave bands are plotted.

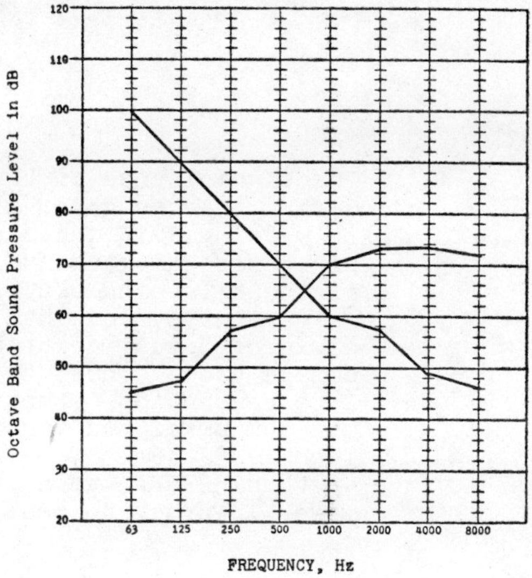


FIGURE 3.

TWO SOUND SPECTRA WITH THE SAME DBA LEVELS.

JOB 2A

Referring to the data of Job 1, Chapter 1, for the AJAX Plant, compute the following:

The desired noise criteria at the property line is 50 dBA. As a first approximation, assume that all outdoor noise sources contribute equally at the property line. Specify the maximum allowable sound pressure level at the property line for each source.

ANALYSIS

Since there are 67 outdoor sound sources for the AJAX Plant, the overall noise level of the community may be computed from Equation 7.

$$L_p \text{ (single)} = 50 - 10 \log (67)$$

$$= 50 - 18$$

$$= 32 \text{ dBA for each source}$$

The significance of this problem is that many times during the design of a project, manufacturer's data is missing, yet decisions need to be made on each piece of equipment as it is designed. In other words, if the silencing vents need to be specified during an earlier period than the H&V fans, then the principle of "equal contributions at the property line" can be used. Thus, the vent specification would take into account the other sources and state that the maximum permitted vent sound pressure at the property line is 32 dBA. If a source at the property is louder than 32 dBA, then other sources will need to be lower in order to meet the community objectives.

JOB 2B

In order to accumulate data on an automatic cutter, the noise consultant received a copy of the following report:

A cutter was installed in a manufacturing plant. Sound measurements were made with a sound level meter. The measurements were taken 5 feet from the cutter, with all other associated equipment running. The sound meter was not shielded in any way from the other equipment. The sound reading taken indicated 96 dBA. The manufacturer supplied test data for the cutter taken in an acoustical room at 5 feet away, with and without a silencer (refer to Figure 4). The silencer was purchased and the overall sound pressure 5 feet from the cutter was decreased to 94 dBA. The conclusion of the noise control engineer was that silencing only one octave band of the cutter could decrease the sound pressure level of the equipment 2 dB. The expenditure for the silencer was not justified.

Comment on the results of the report.

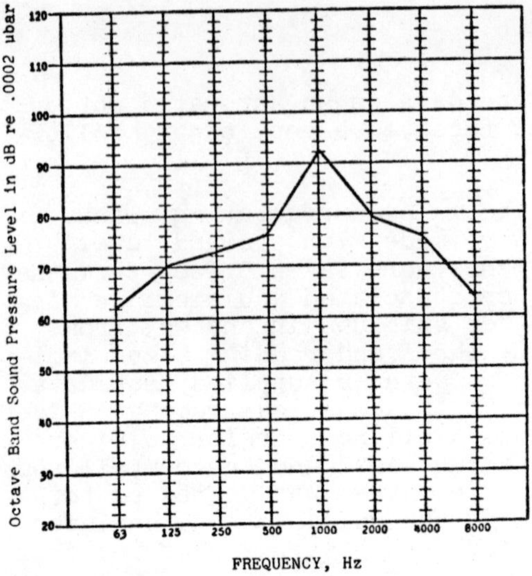


FIGURE 4.

OCTAVE BAND SOUND PRESSUR
LEVELS OF CUTTER EQUIPMEN
MEASURED IN TEST ROOM 5'
FROM UNIT, WITHOUT SILENC

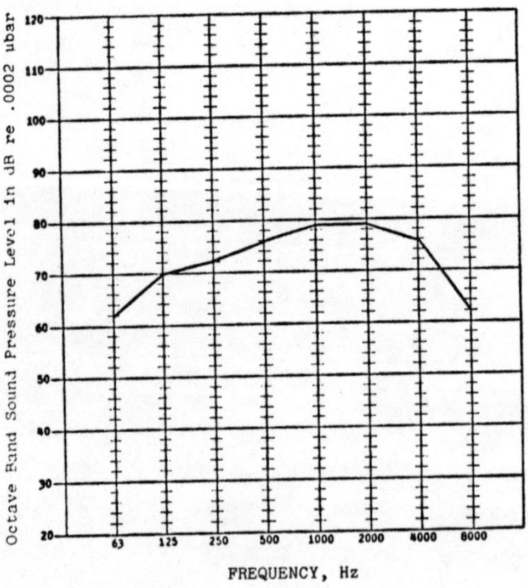


FIGURE 5.

OCTAVE BAND SOUND PRESSU
LEVELS OF CUTTER EQUIPME
MEASURED IN TEST ROOM 5'
FROM UNIT, WITH SILENCER

ANALYSIS

Decisions based on dBA readings alone are not complete. The noise control engineer needs to study octave band sound pressure levels to make a complete analysis.

If we calculate the dBA for the cutter equipment before and after the addition of the silencer, we see immediately that the noise level will decrease by 7 dBA when the silencer is added.

| Octave Band, Hz | $L_p$, Before Silencer Added decibels | A-Weighting Correction Factor | |
|---|---|---|---|
| 63 | 63 | -26 | 37 |
| 125 | 70 | -16 | 54 |
| 250 | 73 | -9 | 64 |
| 500 | 76 | -3 | 73 |
| 1000 | 92 | 0 | 92 |
| 2000 | 80 | +1 | 81 |
| 4000 | 76 | +1 | 77 |
| 8000 | 63 | -1 | 62 |
| | | | 92 dBA |

| Octave Band, Hz | $L_p$, After Silencer Added decibels | A-Weighting Correction Factor | |
|---|---|---|---|
| 63 | 63 | -26 | 37 |
| 125 | 70 | -16 | 54 |
| 250 | 73 | -9 | 64 |
| 500 | 76 | -3 | 73 |
| 1000 | 79 | 0 | 79 |
| 2000 | 80 | +1 | 81 |
| 4000 | 76 | +1 | 77 |
| 8000 | 63 | -1 | 62 |
| | | | 85 dBA |

The background noise is 94 dBA. The addition of the 92 dBA noise level of the unsilenced cutter to the background noise, using Table V, is 96 dBA. In the second case, the addition of the silenced cutter noise of 85 dBA to the 94 dBA background noise attributed to the 94 dBA reading.

It is true that the overall plant noise only decreased by 2 dB, but this marginal decrease is due to a high background noise and not a faulty silencer. The noise control engineer should have concluded that the silencer is effective in reducing the cutter dBA by 7 decibels, and should recommend ways to decrease the background noise.

# CHAPTER 3

# QUIET, PLEASE!

# CHAPTER 3 - QUIET, PLEASE!

The first step in the design of engineering controls for noise is the establishment of acoustical criteria. Criteria must be established for:

- occupational areas, employee exposure
- interior spaces; offices, conference rooms, etc.
- communities near the plant

In this chapter, criteria will be presented for each of these areas.

## OCCUPATIONAL CRITERIA

### OSHA

Passage of the Occupational Safety and Health Act (OSHA) in 1971 transformed industry's attitudes toward noise from general indifference to urgent concern. The law is enforced by the U.S. Department of Labor, and some people have called this the most encompassing piece of legislature ever passed. The reason is simple; it applies to every non-governmental employer, and affects millions of employees.

When an OSHA compliance officer finds what he believes to be a violation, the employer is issued a citation, along with a specified abatement period, or time period which the employer is given to correct the violation. The employer is also issued a notification of proposed penalty, which may be up to $10,000 for serious violations, and as much as $1000 per day for each day that the hazardous condition is allowed to continue. The cited employer then has 15 working days to contest a citation.

While OSHA governs all factors related to employee safety and health, one of the most important sections of the law relates to noise exposure. The compliance officer either carries with him a sound level meter to check potential noise violations, or he will request that an OSHA hygiene officer perform follow-up measurements to verify a violation.

### What Constitutes a Violation

In accordance with Section 1910.95 of the Act, the employer must provide protection against the effects of noise exposure when the sound levels exceed those shown in Table XI, when measured on the A-scale of a standard sound level meter at slow response.

TABLE XI

OSHA PERMISSIBLE NOISE EXPOSURE

| Duration per Day (hours) | Sound Level, dBA (slow response) |
|---|---|
| 8 | 90 |
| 6 | 92 |
| 4 | 95 |
| 3 | 97 |
| 2 | 100 |
| 1½ | 102 |
| 1 | 105 |
| ½ | 110 |
| ¼ or less | 115 |
| Exposure to impulsive or impact noise should not exceed 140 dB peak sound pressure level. | |

When the daily noise exposure is composed of two or more periods of noise exposure at different levels, their combined effect should be considered, rather than the individual effect of each.

The Noise Dose is defined as:

$$N.D. = \frac{C1}{T1} + \frac{C2}{T2} + \ldots\ldots \frac{Cn}{Tn} \qquad (9)$$

where Cn = total time of exposure at a specified noise level
Tn = total time of exposure permitted at that level

If the Noise Dose exceeds 1.0, the employee exposure is above the OSHA limits.

<u>SIM 15</u>

An employee works 1 hour in an area of 90 dBA and also inspects a chiller area for 2 hours at 92 dBA and a compressor area of 94 dBA for 3 hours. Two hours are spent in a relatively quiet control room. Is this employee's noise exposure in violation of OSHA?

ANSWER

| dBA | Actual Time (hours) | Permissible Time (hours) |
|---|---|---|
| 90 | 1 | 8 |
| 92 | 2 | 6 |
| 94 | 3 | 4 |

From Equation 9, the Noise Dose is:

$$N.D. = \frac{1}{8} + \frac{2}{6} + \frac{3}{4} = 1.2$$

Thus, the above exposure is above the OSHA limits.

SIM 16

If the exposure time in SIM 15 at 94 dBA was reduced to 2 hours, would OSHA compliance be obtained?

ANSWER

Yes, the Noise Dose is now less than unity.

| dBA | Actual Time (hours) | Permissible Time (hours) |
|---|---|---|
| 90 | 1 | 8 |
| 92 | 2 | 6 |
| 94 | 2 | 4 |

$$N.D. = \frac{1}{8} + \frac{2}{6} + \frac{2}{4} = 0.96$$

## What Constitutes Control Measures

Based on OSHA section 1910.95, when employees are subjected to sounds exceeding those listed in Table XI, feasible administrative or engineering controls shall be utilized.

Note: The Department of Labor expects employers to explore the possibility and practicability of controlling noise by engineering, and to take all feasible measures before resorting to use of administrative controls.

ONLY when engineering and administrative controls fail can personal protective equipment be considered, as stated in Bulletin 334 of the U.S. Department of Labor.

Use of personal protective equipment is considered by the Department of Labor as an interim measure while engineering and administrative controls are being perfected.

SIM 17

Illustrate some examples of engineering and administrative controls.

ANSWER

Engineering Controls

1. Substitution of Machines
   a. Larger, slower machines for smaller, faster o
   b. Belt drives for gears.
2. Substitution of Processes
   a. Welding for riveting.
3. Maintenance
   a. Replacement of worn or loose parts.
4. Vibration Damping
5. Reducing Sound Transmission through Solids
   a. Flexible mountings
6. Reducing Sound Produced by Fluid Flow
7. Isolate Noise Source
8. Isolate Operator

Administration Controls

1. Arrange work schedule to limit operator exposure.
2. Increase manpower so that jobs in noisy areas can b completed within permissible time.
3. Perform occasional high level noise producing operations when a minimum number of employees will be exposed.

Author's Comment - After discussing the above with several OSHA representatives, the following is concluded:

a. Each OSHA region may interpret the above regulations and subsequent fines differently.

b. If the working area is above 90 dBA, the inspector will probably cite a violation unless it is obvious that an employee will not be exposed to this source eight hours a day.

c. Even if the engineering costs to correct the noise exposure are thousands of dollars, the solution is still deemed feasible.

d. If a violation is cited based on (b), it is possible for the owner to avoid a citation if he can prove that the operator will not be exposed to longer periods than allowed.

e. If a violation is cited based on (c), it may be possible for the owner to avoid a citation if he can prove that the expenditure will adversely impair his operation.

## Can Hearing Loss Still Occur Even if OSHA Laws are Followed?

YES! Several studies have indicated that the 90 dBA-8 hour exposure guideline is not stringent enough and that some employees will suffer hearing damage at this level. The risk of noise induced hearing loss is a function of the:

1) level of the noise,

2) frequency content of the noise,

3) length of exposure,

4) employee's susceptibility to hearing damage,

5) and sound characteristic (steady, intermittent, impulsive)

The two main criteria used for hearing risk evaluations are the recommendations of the International Standards Organization (ISO) and the CHABA report issued by the National Academy of Science - National Research Council Committee on Hearing Bioacoustics and Biomechanics.

Figure 6 shows the percentage of people exposed to continuous 8 hour per day noise (who would suffer more permanent loss in hearing after a normal work career), as compared with the percentage of people who were not exposed to significant amounts of noise in their work.

FIGURE 6.

PERCENTAGE OF POPULATION WITH HEARING LOSS (OR HEARING LEVEL, HL) OF 26 DB OR GREATER WHEN AVERAGED AT 500, 1000, & 2000 HZ AS A FUNCTION OF STEADY NOISE LEVEL, 8 HOURS PER WORKDAY, IN DBA.[1]

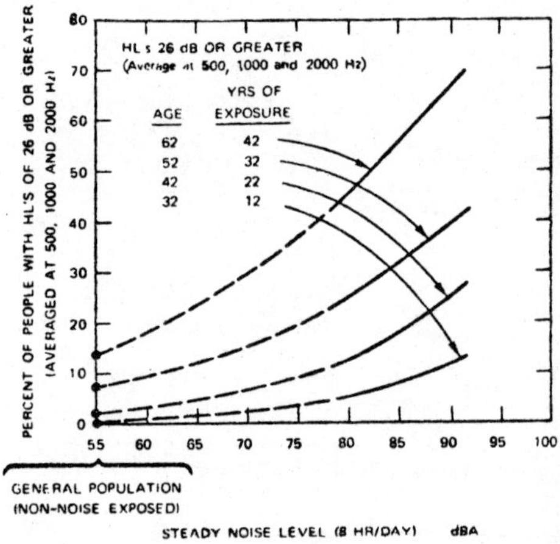


A Hearing Conservation Program

Where an employee is exposed to sound levels in excess of 90 dBA, even on an intermittent basis, an effective hearing conservation program should be administered.

The purpose of a hearing conservation program is to insure that exposed employees will not suffer continuing deterioration of hearing acuity because of their exposure. Incipient loss of hearing will be detected, and necessary steps may be taken to prevent further deterioration before serious hearing loss has occurred.

A hearing conservation program is composed of four efforts:

1. Noise survey
2. Personal protection
3. Audiometric testing
4. Documentation

It is recommended that noise surveys and audiometric testing be performed semi-annually or annually. Baseline audiometric testing should also be administered to all new employees. It should be noted that the benefits of audiometric testing extend beyond OSHA hearing conservation requirements, as audiograms are also the employer's only defense against hearing loss Workman's Compensation claims. Audiometric testing will be discussed in greater detail in Chapter 8.

### OSHA 1973

In 1973, the U.S. Department of Labor invited each state to establish its own occupational safety and health program, to be implemented if the state can prove that its plan is as effective as the federal OSHA. Several states have already adopted their own OSHA. This means that a new set of rules, regulations, and penalties for each state may evolve in the future. It is anticipated that most states will adopt most of the technical aspects and substitute their own system for compliance, penalties, and review.

## OFFICE AND INTERIOR SPACE CRITERIA

Acoustics are of importance in employee work areas other than industrial areas. In office spaces, privacy, communications, and annoyance must be considered.

### Noise Criteria Curves

To quantify sound levels in interior spaces, noise criteria (NC) curves were developed. These curves[2], shown in Figure 7, show octave band contours which relate to subjective acceptability of a sound spectrum. The NC levels which are considered acceptable[2] for various interior spaces are given in Table XII.

To determine the NC level of the sound in any area, the octave band levels may be plotted on the NC graph. The highest NC level intercepted by the curve is the NC level assigned to that space.

These NC curves have been found to disagree with the subjective acceptability of office noise spectra, and in 1971 modified curves, referred to as PNC curves, were introduced[3]. These curves are shown in Figure 8. The PNC curves have not received the recognition of the NC curves, but their use is increasing.

FIGURE 7.

NC CURVES.

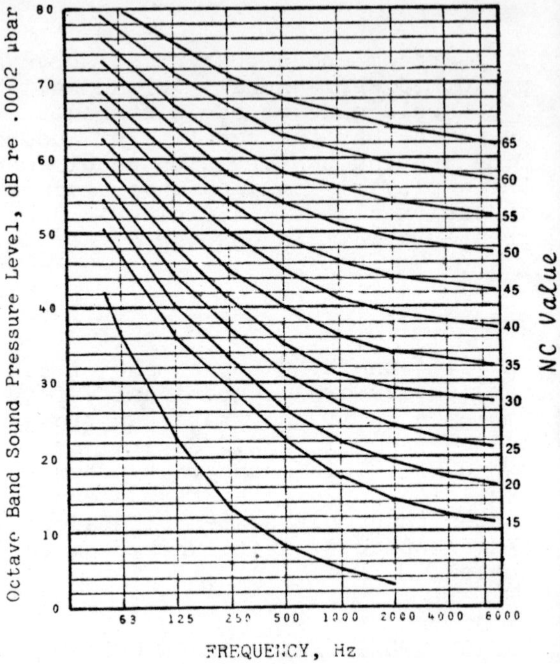


TABLE XII

ACCEPTABLE NC LEVELS FOR VARIOUS ACTIVITIES

| Activity | Suggested Range of Noise Criteria |
|---|---|
| SLEEPING, RESTING, AND RELAXING | |
| Suburban & rural: Homes, apartments, hotels, hospitals, etc. | NC-20 to NC-25 |
| Urban: Homes, apartments, hotels, hospitals, etc. | NC-25 to NC-30 |
| EXCELLENT LISTENING CONDITIONS REQUIRED | |
| Concert halls, recording studios, etc. | NC-15 to NC-20 |
| VERY GOOD LISTENING CONDITIONS REQUIRED | |
| Auditoriums, theaters | NC-20 to NC-25 |
| Large meeting and conference rooms | NC-25 to NC-30 |
| GOOD LISTENING CONDITIONS REQUIRED | |
| Private offices, school classrooms, small conference rooms, libraries, television listening | NC-30 to NC-35 |
| FAIR LISTENING CONDITIONS REQUIRED | |
| Large offices, restaurants, retail shops and stores, etc. | NC-35 to NC-40 |
| MODERATELY FAIR LISTENING CONDITIONS REQUIRED | |
| Lobbies, cafeterias, drafting rooms, business machine areas | NC-40 to NC-45 |
| ACCEPTABLE WORKING CONDITIONS WITH MINIMUM SPEECH INTERFERENCE | |
| Industrial areas, garages, laundries | NC-45 to NC-55 |

FIGURE 8.

PNC CURVES.

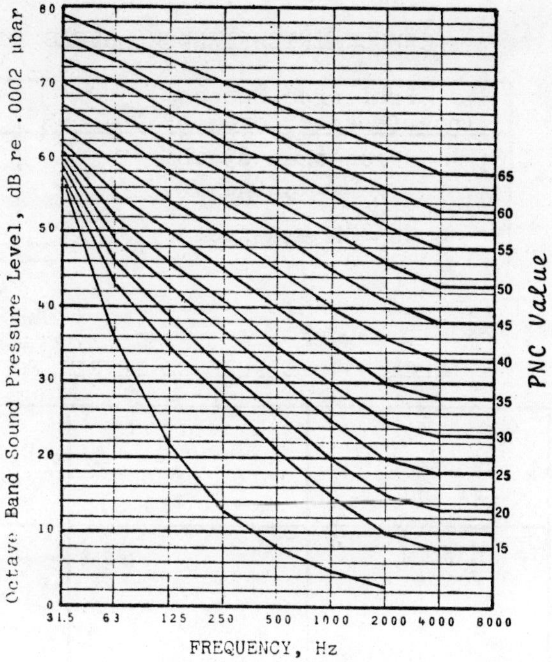


Speech Interference Level

If the background noise level is excessive, a person may not be able to hear direct or telephone conversation. Nearly all the information contained in speech is distributed from 200 to 6000 Hz. A noise rating based on speech interference is frequently used to determine what degree communication will be affected by noise.

The Preferred Speech Interference Level (PSIL) is defined as the arithmetic average of the sound levels in the 500, 1000, and 2000 Hz octave bands. An approximation of the PSIL may be obtained by subtracting 7 dB from the A-Weighted sound level.

Prior to the use of new octave bands, the Speech Interference Level (SIL) was defined as the average of the 600-1200, 1200-2400, and 2400-4800 octave bands. These SIL values may be converted to approximate PSIL values by adding 3 dB.

The PSIL values allowable for acceptable telephone communications are shown in Table XIII. The relationship between PSIL and communications is shown in Table XIV.

TABLE XIII

SPEECH INTERFERENCE LEVELS FOR TELEPHONE COMMUNICATIONS[4]

| Preferred Speech Interference Level (PSIL) | Telephone Intelligibility |
|---|---|
| Less than 63 dB | Good |
| 63 to 78 dB | Fair to Poor |
| 83 dB and Above | Very Poor |

TABLE XIV

SPEECH INTERFERENCE LEVELS FOR FACE-TO-FACE COMMUNICATION[4]

| Vocal Effort | Preferred Speech Interference Level (PSIL) | Distance from Speaker to Listener (ft) | Communications Intelligibility |
|---|---|---|---|
| Normal Voice | 40 | 16 | Possible |
| | 50 | 8 | |
| | 60 | 3 | |
| | 70 | 1 | |
| Very Loud Voice | 80 | 1 | |
| Shout | 90 | ½ | |
| Maximum Vocal Effort | 100 | 1 | Difficult |
| | 110 & Above | ½ | Impossible |

Sometimes Sound Is Good

It is probable that privacy problems will develop where an employee in one office can overhear conversations of other employees, if there are no background sounds from the heating and ventilation equipment and the walls between offices have a low transmission loss. To provide adequate privacy, background sounds should range between NC 30 and NC 40.

## ENVIRONMENTAL NOISE CRITERIA

If the environment continues to get noisier at its present rate as a by-product of our technological progress, hearing devices would soon become a part of our everyday lives. It is estimated that 80-100 million persons are bothered by environmental noise on a daily basis. These problems have given rise to both public emphasis and legislation relating to noise in the community. To comply with existing or anticipated future noise legislation, and to establish good industry-community relations, the noise control engineer must consider outdoor as well as indoor noise.

Four levels of criteria may be established as a basis for noise design goals:

1. Legislation (federal, state, local)
2. Acoustical or environmental criteria
3. Psychological effects
4. Physiological effects

### Legislation - Federal

Five federal agencies, under the provisions of the National Environmental Policy Act of 1970, and issued by the Council on Environmental Quality, have been designated to comment on environmental noise impact. These agencies included the Environmental Protection Agency, and the Departments of Housing and Urban Development, Transportation, Health, Education, and Welfare, and Commerce. The first three of these agencies have promulgated some type of noise regulation. In addition, General Services Administration has issued a noise emission specification for construction equipment.

### HUD Criteria

The U.S. Department of Housing and Urban Development (HUD) established environmental noise criteria by issuing Departmental Circular 1390.2, Noise Abatement and Control: Departmental Policy, Implementation Responsibilities, and Standards, presented in Table XV. This circular established noise exposure policies and standards to be observed in the approval or disapproval of all HUD projects. Consequently, local, regional, and state governments are increasingly sensitive to industrial related activities that may generate noise levels in adjacent land areas where federally sponsored projects are, or may be, located.

TABLE XV

EXTERNAL AND INTERIOR NOISE EXPOSURE STANDARDS
DEPARTMENT OF HOUSING AND URBAN DEVELOPMENT

| GENERAL EXTERNAL EXPOSURES | ASSESSMENT |
|---|---|
| Exceeds 80 dBA 60 minutes per 24 hours<br><br>Exceeds 75 dBA 8 hours per 24 hours | Unacceptable<br>Exceptions are strongly discouraged and require a 102(2 C environmental statement an the Secretary's approval |
| Exceeds 65 dBA 8 hours per 24 hours<br><br>Loud repetitive sounds on site | Discretionary - Normally Unacceptable<br><br>Approvals require noise attenuation measures, the Regional Administrator's concurrence, and a 102(2)C environmental statement |
| Does not exceed 65 dBA more than 8 hours per 24 hours | Discretionary - Normally Acceptable |
| Does not exceed 45 dBA more than 30 minutes per 24 hours | Acceptable |

Interior noise levels should not exceed the following in sleeping quarters:

- 55 dBA for more than 60 minutes per 24 hours.
- 45 dBA for more than 30 minutes from 11 p.m. to 7 a.m.
- 45 dBA for more than 8 hours per 24 hours.

## EPA and The Noise Control Act of 1972

The Noise Control Act of 1972 was signed into law by President Nixon on October 27, 1972, with the purpose of promoting an environment for all Americans free from noise that jeopardizes their health or welfare. This act designated the U.S. Environmental Protection Agency (EPA) as the coordinator of all federal noise control programs. The initial authority granted to EPA under this act will be aimed at transportation noise sources rather than industrial sources, already covered to some degree under the noise exposure limits of OSHA.

The Act requires the EPA Administrator to publish reports which identify major sources of noise, as well as information on abatement costs and technology for control of such sources. Noise emission standards must then be proposed by EPA for all products listed in these reports where standards are feasible.

After the effective date of these noise emission standards, manufacturers will be required to either comply with the emission standard, or provide the product with a label advising of its possible adverse effect on the public health and welfare. Also, products sold on the basis of their noise qualities will be required to affix certification labels. Various criminal penalties are provided for violations.

The authorization of funds to EPA is $3,000,000 in fiscal 1973, increasing to $12,000,000 by 1975. This financial commitment shows that noise control is going to be a fact of life. In the next few years we will see a revolution in the noise information available. Also, emphasis will be placed on the noise generated by equipment and transportation and the effects on nearby communities. Permissible noise levels will probably decrease as more information is generated.

On July 27, 1973, EPA presented its first proposed emission standard. The regulation as proposed will apply to motor vehicles operated in interstate commerce and weighing over 10,000 pounds GVWR. The following proposed standards apply to total vehicle noise:

1. 90 dBA at 50 feet in speed limits greater than 35 mph.

2. 86 dBA at 50 feet in speed limits equal to or less than 35 mph.

3. 88 dBA at 50 feet under stationary run-up test.

4. Visual exhaust system inspection.

5. Visual tire inspection.

## Department of Transportation Criteria

The U.S. Department of Transportation (DoT), Federal Highway Administration, has issued a standard which presents acceptable noise levels for highway planning, design, and use of adjacent land. This standard, designated PPM 90-2, is presented in Table XVI.

## General Services Administration Criteria

The noise levels of construction equipment used on government contracts are regulated by the General Services Administration (GSA). The Environmental Protection criteria, paragraph 42.8 of the GSA Specifications, requires that noise levels of equipment at a site not exceed the limits presented in Table XVII, as measured at 50 feet. Where field sound measurements reveal sound levels exceeding those listed, the contractor is instructed to cease operating such equipment and repair or replace it with equipment complying with these sound levels.

## State Legislation

All states except Alaska have enacted some type of noise control regulation, although many do not contain quantitative noise levels. These regulations are of five general types:

- Nuisance
- Zoning
- Motor Vehicle
- Recreational
- Aircraft

It is the zoning or land use regulations which are of most concern to industrial facilities. Five states, to date, have passed or proposed legislation of this type, with specified maximum noise levels: Colorado, Illinois, Minnesota, New Jersey, and New York.

## Local Noise Legislation

A recent study by Dr. C.R. Bragdon[5] indicated that there are over 288 noise related regulations in the United States, involving approximately 43 million people, or 23% of the total population. These ordinances may be classified into five categories:

TABLE XVI

FEDERAL HIGHWAY ADMINISTRATION NOISE STANDARDS

DESIGN NOISE LEVELS AND LAND USE RELATIONSHIPS

| LAND USE CATEGORY | DESIGN NOISE LEVEL, $L_{10}$ | DESCRIPTION OF LAND USE CATEGORY |
|---|---|---|
| A | 60 DBA (Exterior) | Tracts of lands in which serenity and quiet are of extraordinary significance and serve an important public need, and where the preservation of those qualities is essential if the area is to continue to serve its intended purpose. Such areas could include amphitheaters, particular parks or portions of parks, or open spaces which are dedicated or recognized by appropriate local officials for activities requiring special qualities of serenity and quiet. |
| B | 70 DBA (Exterior) | Residences, motels, hotels, public meeting rooms, schools, churches, libraries, hospitals, picnic areas, recreation areas, playground, active sports areas, and parks. |
| C | 75 DBA (Exterior) | Developed lands, properties or activities not included in categories A and B above. |
| D | -- | For requirements on undeveloped lands see paragraphs 5.a(5) and (6) of PPM 90-2. |
| E | 55 DBA (Interior) | Residences, motels, hotels, public meeting rooms, schools, churches, libraries, hospitals and auditoriums. |

TABLE XVII

CONSTRUCTION NOISE REQUIREMENTS:

GENERAL SERVICES ADMINISTRATION

| EQUIPMENT | EFFECTIVE 7/1/72 | EFFECTIVE 1/1/75 |
|---|---|---|
| | dBA | dBA |
| Earthmoving | | |
| front loader | 79 | 75 |
| backhoes | 85 | 75 |
| dozers | 80 | 75 |
| tractors | 80 | 75 |
| scrapers | 88 | 80 |
| graders | 85 | 75 |
| truck | 91 | 75 |
| paver | 89 | 80 |
| Materials Handling | | |
| concrete mixer | 85 | 75 |
| concrete pump | 82 | 75 |
| crane | 83 | 75 |
| derrick | 88 | 75 |
| Stationary | | |
| pumps | 76 | 75 |
| generators | 78 | 75 |
| compressors | 81 | 75 |
| Impact | | |
| pile drivers | 101 | 95 |
| jack hammers | 88 | 75 |
| rock drills | 98 | 80 |
| pneumatic tools | 86 | 80 |
| Other | | |
| saws | 78 | 75 |
| vibrator | 76 | 75 |

- Nuisance
- Zoning (land use)
- Building
- Vehicle
- Aircraft

Most of these ordinances are without qualitative acoustical criteria, and they typically prohibit "loud noise". More effective are ordinances which specify certain maximum sound levels at property line boundaries. These ordinances generally express maximum permitted levels in dBA, and vary considerably, ranging from 40 dBA (Beverly Hills, CA) to 60 dBA (several cities). Many ordinances, particularly older ones, specify maximum levels by octave bands; however, this practice requires more detailed enforcement procedures.

Industrial noise control engineers should always be aware of all existing or proposed local ordinances applicable to their facilities.

## Altering the Acoustical Environment

A noise survey should be performed prior to new plant construction to document the noise environment in the vicinity of a plant, and to develop criteria for plant noise levels. The survey should be made at several locations surrounding the plant at different times of the day. If the noise of the new plant does not exceed the existing background noise, no community reaction or environmental impact would be expected.

To present the random fluctuations of the community noise levels, such as where traffic is prevalent, reference is made by $L_{90}$, $L_{50}$, $L_{10}$, and $L_1$ percentile values. These are the noise levels exceeded 90 percent, 50 percent, 10 percent, and 1 percent of the time, and are referred to as the background ambient, median, intrusive, and peak noise levels, respectively. These noise percentile levels are obtained by recording and analyzing the sound at a location for several periods during the day. Measurement instrumentation and techniques for community noise surveys are discussed in Chapter 8. The $L_{90}$, $L_{50}$, $L_{10}$, and $L_1$ levels may be presented by octave bands, as shown in Figure 9, or by A-Weighted sound levels (dBA).

To assess community impact, plant noise levels may be superimposed on Figure 9, and the percent of time the plant noise would exceed the noise of other community sounds may be determined. If the plant noise levels exceed the ambient sound more than 10% of the time (or are above the $L_{90}$ levels), potential environmental impact should be considered in regard to legal requirements, health effects, and community reaction.

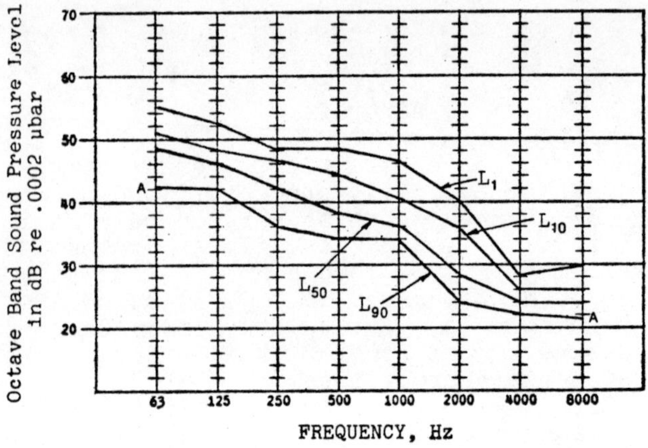


FIGURE 9. GRAPHIC PRESENTATION OF A COMMUNITY NOISE SURVEY.

Community Reaction to Noise

There are several factors which influence the community tolerance level for noise. Some of the elements are:

1. Clearly visible noise sources, such as outdoor cooling towers, vents, stacks, etc.

2. An obvious change or fluctuation in sound level which would call attention to the source.

3. Pure tones or discrete frequency sounds, even when they are 10-15 dB below the octave band levels.

4. Noises which interfere with sleep or communications.

5. Unusually low background ambient noise levels.

6. Low frequency noise which induces vibrations in residences (rattling windows, shaking walls, etc.).

7. Impulsive or startling noises.

8. Noise which conveys displeasing information, such as glass breaking in a bottling plant.

Two recognized rating systems may be employed to predict community response to noise. One method utilizes octave band sound pressure levels, and the other uses dBA values.

## Community Noise Assessment in Octave Bands

Much of the initial work on community noise ratings was done by Stevens, Rosenblith, and Bolt. This method allows prediction of expected community response, ranging from no reaction to vigorous reaction and threats of legal action. Use of the method is as follows:

1. Octave band sound pressure levels are plotted on Figure 10. Where the sound level intersects the highest curve, the value of $N_1$ is determined.

2. A correction factor, CF, is determined from Table XVIII, based on influencing factors.

3. The composite noise rating, $N_2$, is calculated from:

$$N_2 = N_1 - CF \quad (10)$$

   The average expected community response is found in Table XIX.

It should be noted that noise level design goals, as well as reaction to existing noise sources, may be determined using this method.

FIGURE 10.

NOISE RATING CURVES FOR OCTAVE BAND SOUND PRESSURE LEVELS.

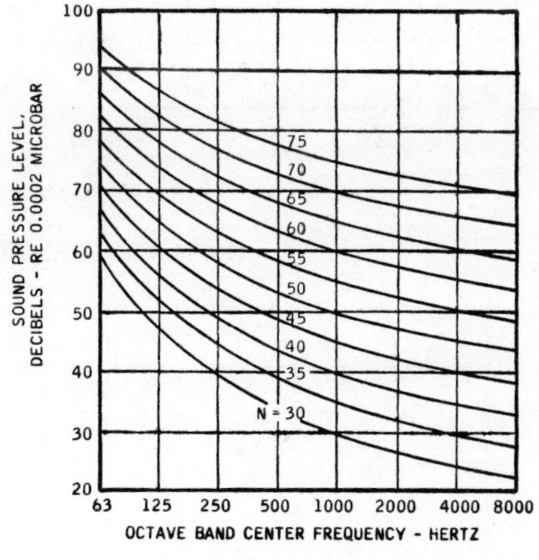

TABLE XVIII

CORRECTION FACTORS FOR COMMUNITY NOISE

| Influencing Factor | Possible Condition | Correction |
|---|---|---|
| Noise Spectrum | Pure tone components | - 5 |
| | Wide band noise | 0 |
| Repetitiveness | Continuous to one/min. | 0 |
| | 10-60 times/hr. | + 5 |
| | 1-10 times/hr. | +10 |
| | 4-20 times/day | +15 |
| | 1-4 times/day | +20 |
| | 1 time/day | +25 |
| Time of Day | Daytime only | +10 |
| | Evening | + 5 |
| | Nighttime | 0 |
| Season | Winter only | + 5 |
| | Winter and summer | 0 |
| Type of Area | Rural | -10 |
| | Suburban | - 5 |
| | Residential (urban) | 0 |
| | Residential (some business) | + 5 |
| | Area of light industry | +10 |
| | Area of heavy industry | +15 |
| Peak Factor | Impulsive | - 5 |
| | Non-impulsive | 0 |

TABLE XIX

COMMUNITY REACTION TO NOISE

| $N_2$ | Community Response |
|---|---|
| Less than 40 | No reaction |
| 45 | Sporadic complaints |
| 50 - 55 | Widespread complaints |
| 60 - 65 | Threats of community action |
| 70 and above | Vigorous community action |

SIM 18

A new plant is to be built in a suburban community which does not have a noise ordinance. Continuous, non-impulsive broad band noise is expected from the plant. With no other information available, estimate the permissible sound pressure levels at the property boundary.

ANSWER

From Table XVIII:

$$CF = 0 + 0 + 0 \pm 0 - 5 + 0 = -5$$

To achieve "no reaction", Table XIX indicates an $N_2$ value of 40. From Equation 11:

$$N_1 = N_2 + CF$$
$$N_1 = 40 - 5 = 35$$

From Figure 10, the maximum octave band sound pressure levels are:

| | Octave Band Center Frequency, Hz | | | | | | | |
|---|---|---|---|---|---|---|---|---|
| | 63 | 125 | 250 | 500 | 1000 | 2000 | 4000 | 8000 |
| $L_p$ | 62 | 52 | 45 | 40 | 35 | 32 | 30 | 28 |

SIM 19

A continuous process vent has the following sound pressure levels at the community boundary:

| | Octave Band Center Frequency, Hz | | | | | | | |
|---|---|---|---|---|---|---|---|---|
| | 63 | 125 | 250 | 500 | 1000 | 2000 | 4000 | 8000 |
| $L_p$ | 75 | 70 | 65 | 60 | 50 | 47 | 43 | 40 |

What will be the reaction of the community as outlined in SIM 18 (CF = - 5)?

ANSWER

From Figure 10:

$$N_1 = 55$$

$$CF = -5$$

$$N_2 = 55 - (-5)$$

$$= 60$$

Threats of community action can be anticipated.

Community Noise Assessment in dBA

The A-Weighted sound level correlates quite well with human response to noise, and is now widely used for the assessment of community noise. It should be realized, however, that while a community noise assessment may be performed with dBA levels, octave band analysis still provides the basic means for machinery noise level criteria and engineering design.

The International Standards Organization has published guidelines for the assessment of noise with respect to community response in Recommendation ISO/R1996 - 1971. The procedure is as follows:

1. Calculate the rating sound level.

(a) For steady noise, the rating sound level, $L_t$, is determined as the measured sound level, $L_a$, plus correction factors for impulsive character ($C_1$), audible tones ($C_2$), and duration ($C_3$) from Table XX. Thus,

$$L_t = L_a + C_1 + C_2 + C_3 \tag{11}$$

(b) For noise which varies with time, the equivalent sound level, $L_{eq}$, is determined from the equation:

$$L_{eq} = 10 \log \left(\frac{1}{100} \sum t_i \, 10^{L_i/10}\right) \tag{12}$$

where $L_i$ = sound level (dBA) at time interval i

$t_i$ = percent of time period sound level is within limits of class i.

Correction factors $C_1$ and $C_2$ are added to $L_{eq}$ to determine the rating sound level.

$$L_t = L_{eq} + C_1 + C_2 \tag{11a}$$

2. <u>Calculate general community noise criteria.</u>

A general community noise criteria is established by adding corrections for time of day (Table XXI) and zoning type (Table XXII) to a base criteria. The base criteria should be established according to the living habits of people in the area, and usually ranges from 40-50 dBA. (The ISO recommendation lists 35-45 dBA; however, 40-50 dBA is considered to be more appropriate.)

3. <u>Compare rating sound level with general community criteria.</u>

Expected community response may be assessed by comparison of the rating sound level and criterion value. An estimate of the public reaction based on the amount that the rating sound level exceeds the criteria value is shown in Table XXIII.

TABLE XX

CORRECTIONS TO THE MEASURED SOUND LEVEL IN DBA

| Characteristic Features of the Noise | | Correction dBA |
|---|---|---|
| Peak factor | Impulsive noise | +5 |
| Spectrum character | Audible tone components present | +5 |
| Duration of the noise with sound level $L_a$ as a percentage of the relevant time period | Between: | |
| | 100 and 56 | 0 |
| | 56 and 18 | - 5 |
| | 18 and 6 | -10 |
| | 6 and 1.8 | -15 |
| | 1.8 and 0.6 | -20 |
| | 0.6 and 0.2 | -25 |
| | Less than 0.2 | -30 |

TABLE XXI

CORRECTIONS TO BASIC CRITERION FOR DIFFERENT TIMES OF DAY

| Time of Day | Correction to Basic Criterion dBA |
|---|---|
| Daytime | 0 |
| Evening | -5 |
| Nighttime | -10 to -15 |

TABLE XXII

CORRECTIONS TO BASIC CRITERION FOR RESIDENTIAL PREMISES IN DIFFERENT ZONES

| Type of District | Correction to Basic Criterion dBA |
|---|---|
| Rural residential, zones of hospitals, recreation | 0 |
| Suburban residential, little road traffic | + 5 |
| Urban residential | +10 |
| Urban residential with some workshops or with business or with main roads | +15 |
| City (business, trade, administration) | +20 |
| Predominantly industrial area (heavy industry) | +25 |

TABLE XXIII

ESTIMATED COMMUNITY RESPONSE TO NOISE

| Amount in dBA by which the rating sound level $L_t$ exceeds the noise criterion | Estimated Community Response | |
|---|---|---|
| | Category | Description |
| 0 | None | No observed reaction |
| 5 | Little | Sporadic complaints |
| 10 | Medium | Widespread complaints |
| 15 | Strong | Threats of community action |
| 20 | Very strong | Vigorous community action |

JOB 3A

Establish the noise criteria for the interior spaces of the AJAX Plant.

Administration Building

Private offices
Small conference rooms
Cafeteria
Drafting room
Library

Warehouse & Waste Treatment Building

Operator exposed to in-plant noise for 8 hours.

Boiler House

A preliminary investigation of operator activities showed that an operator will be exposed to compressor noise for 1 hour, chiller noise for 1 hour, and general equipment noise for 6 hours. (See Figure 11 for area layout.)

Process Building

| | |
|---|---|
| Control room: | Operator spends 4 hours per shift in this room. |
| Equipment room: | Operator is exposed to an estimated 95 dBA for 1 hour per shift. |
| Process area: | Operator is exposed to an estimated 92 dBA for 3 hours per shift. |

ANALYSIS

Interior criteria are determined from Table XII:

Administration Building

| | |
|---|---|
| Private offices | NC-30 to NC-35 |
| Small conference rooms | NC-30 to NC-35 |
| Cafeteria | NC-40 to NC-45 |
| Drafting room | NC-40 to NC-45 |
| Library | NC-30 to NC-35 |

Warehouse & Waste Treatment Building - 90 dBA

Boiler House

Even though the operator is at different positions in·

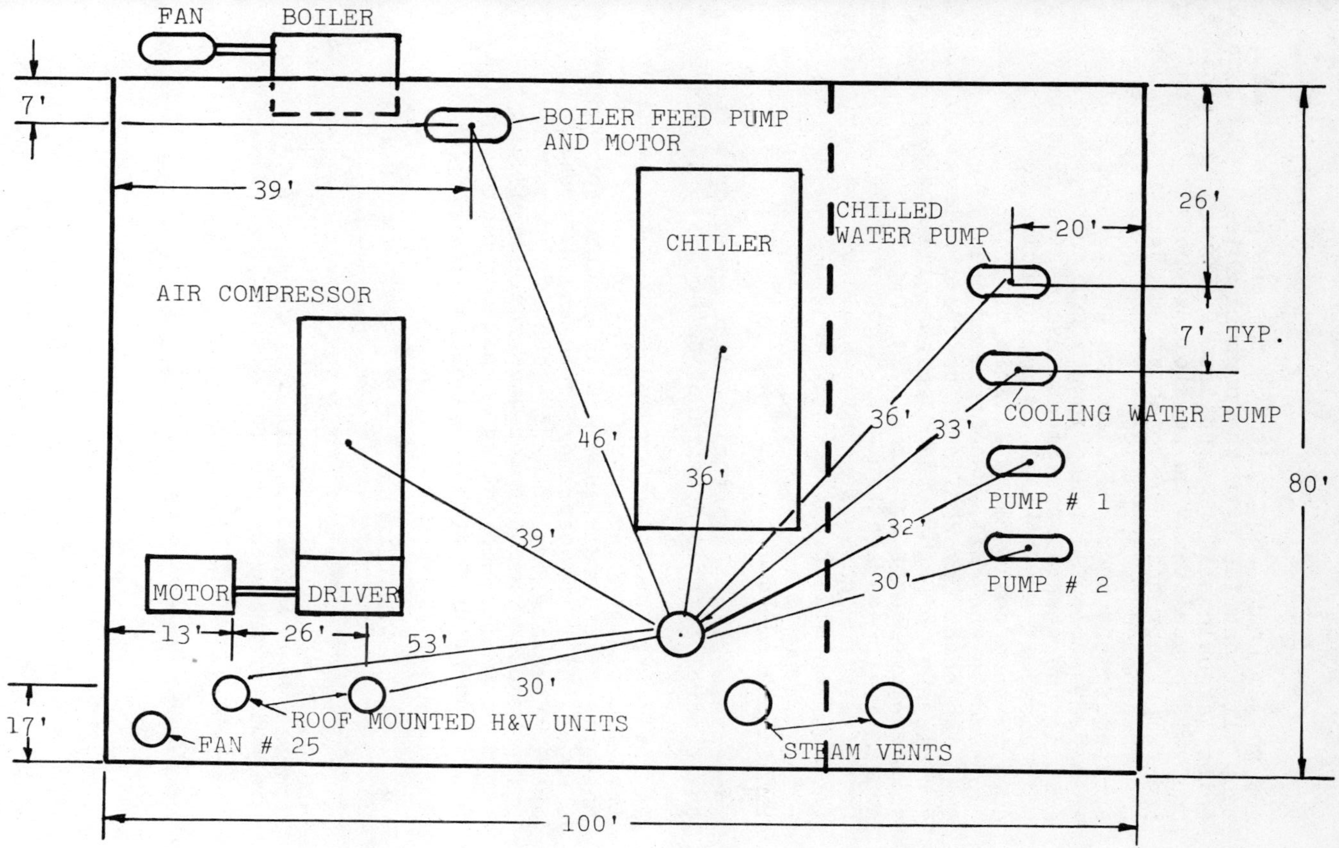


FIGURE 11. BOILER HOUSE EQUIPMENT LAYOUT.

the boiler house, the noise of any one piece of equipment will contribute to the overall noise. The 90 dBA criteria would still be applicable. During the detailed analysis phase it may be possible to permit the chiller and compressor noise to go above 90 dBA, if the operator is exposed to significantly less noise at the general equipment area. To isolate the general equipment area from the chiller and compressor noise, a wall separating the general equipment area may be necessary. In this case, if the general equipment noise is below 90 dBA, then we could allow a limit of 95 dBA for 2 hours exposure in the chiller-compressor area. Remember, an OSHA inspector may challenge the 95 dBA level, but if you can show him that the operator will not be in the chiller-compressor area for more than 4 hours, he will generally forego a citation. Signs which read "Use Ear Protectors - High Noise Area" should be placed (and enforced!) in all areas above 90 dBA.

Process Building

From Table XII, the interior noise level criteria for the control room is determined to be NC-40 to NC-45.

In this case the control room isolates the operator from the plant noise. We could allow the operator to be exposed to levels above 90 dBA, since for 4 hours of each shift the operator is in an environment of 55 dBA (converting the NC of the control room to dBA). The Noise Dose computation for the process building is based only on equipment room noise exposure (95 dBA, 1 hour) and process area (92 dBA, 3 hours). From Equation 9:

$$\text{Noise Dose} = \frac{1}{4} + \frac{3}{6}\text{ , less than 1.0}$$

Again, an inspector may challenge our criteria, but as long as we could prove that the operator work schedule did not permit overexposure to the OSHA limit, our criteria is within reason.

JOB 3B

Management has asked you to determine the effect of locating the plant in one of three possible locations.

a) Community 1 has a local ordinance as follows:

| | Octave Band Center Frequency, Hz | | | | | | | |
|---|---|---|---|---|---|---|---|---|
| | 63 | 125 | 250 | 500 | 1000 | 2000 | 4000 | 8000 |
| Lp, Property Line | 79 | 74 | 66 | 59 | 53 | 47 | 41 | 39 |

b) Community 2 is a residential area, has no noise ordinance, and a survey by a consultant indicated the noise levels presented in Figure 9.

c) Community 3 has no noise ordinance, but the area is known to be a heavy manufacturing district.

ANALYSIS

The first problem in evaluating the effect of the three communities is to determine the permissible sound levels for each area.

As a design goal for Community 2, it is determined that the plant noise levels should not exceed the ambient noise more than 10% of the time. This means that, from Figure 9, the sound pressure level at the property line should not exceed the following:

| | Octave Band Center Frequency, Hz | | | | | | | |
|---|---|---|---|---|---|---|---|---|
| | 63 | 125 | 250 | 500 | 1000 | 2000 | 4000 | 8000 |
| Lp | 42 | 42 | 36 | 34 | 34 | 24 | 22 | 22 |

Community 3, on the other hand, has no published data. For Community 3, if we refer to Table XVIII, the correction factor for industrial zones is determined as +15 for a heavy industrial area. Thus, the noise rating for no community reaction is 40 + 15 = 55. The corresponding sound pressure levels for this rating are determined from Figure 10.

| | Octave Band Center Frequency, Hz | | | | | | | |
|---|---|---|---|---|---|---|---|---|
| | 63 | 125 | 250 | 500 | 1000 | 2000 | 4000 | 8000 |
| Sound Pressure Level | 78 | 70 | 64 | 60 | 55 | 52 | 50 | 48 |

The three communities would then have the following maximum permissible sound pressure levels:

| | Octave Band Center Frequency, Hz | | | | | | | |
|---|---|---|---|---|---|---|---|---|
| | 63 | 125 | 250 | 500 | 1000 | 2000 | 4000 | 8000 |
| Community 1 | 79 | 74 | 66 | 59 | 53 | 47 | 41 | 39 |
| Community 2 | 42 | 42 | 36 | 34 | 34 | 24 | 22 | 22 |
| Community 3 | 78 | 70 | 64 | 60 | 55 | 52 | 50 | 48 |

Community 3 is the most preferred, from a noise consideration. Close behind is Community 1. Community 2 is a very quiet area, and noise abatement requirements would be considerable.

If we refer back to Job 2A, the required sound pressure level at the property line for each source should be:

Community 1 - 45 dBA

Community 2 - 19 dBA

Community 3 - 47 dBA

# CHAPTER 4

# WILL SOMEONE PLEASE FIND THAT NOISE SOURCE!

## CHAPTER 4 - WILL SOMEONE PLEASE FIND THAT NOISE SOURCE!

Once the noise criteria are established, we must next determine how to meet these objectives. In a new plant, the potential noise offenders must first be determined, then the noise of the various sources estimated, and finally, the noise offenders must be attenuated. This chapter will describe potential noise offenders and present information to assist in estimating plant noise. A major source for noise data is the equipment manufacturer. Manufacturers' noise level data, when measured according to an acoustical standard, is more accurate than estimating the data from theoretical calculations. Unfortunately, at the beginning of a project, specific manufacturers' data may not be available. Noise from vents, piping, and specialty equipment may have to be estimated by either past experience or by empirical means.

### Fan Noise

A major worry for the noise control engineer is fan noise. The problem of fan noise becoming a contributor to residential noise is possible if a plant contains many roof mounted heating and ventilation units. Early in the design, it is important to estimate the noise of each fan to determine what corrective action should be taken.

Figure 12 illustrates several paths of noise radiation from a fan. The fan data should be specified as the total sound power level of the fan. If no ducts are attached to the fan, the inlet and outlet sound power level would be 3 dB less than the total level of the unit. The sound radiated from the housing would be the total sound power level minus the transmission loss through the casing. If ducts were connected to the inlet and outlet, the sound level outside the duct would be attenuated by the transmission loss of the duct. Also, fan vibration may be transmitted to the building structure and noise may appear at locations distant from the actual fan installation. Vibration isolators usually solve this problem.

The paths of sound transmission from a fan may be summarized as:

- Sound from the inlet and outlet
- Sound radiated through the fan casing
- Sound radiated through the ducts
- Sound induced by vibrations transmitted to adjoining structures

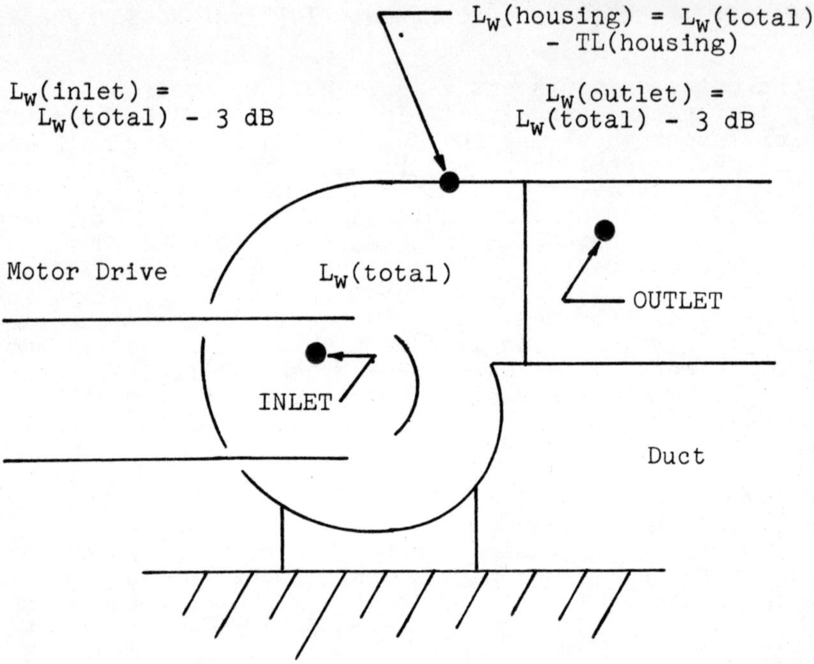


FIGURE 12. FAN NOISE SOURCES.

Several basic types of fans commonly used in industry are illustrated in Figure 13 and are listed below:

Centrifugal, airfoil blade - used on large heating, ventilating, and air conditioning systems. Airfoil fans are used where clean air is handled.

Centrifugal, backward curved blade - used for general heating, ventilating, and air conditioning systems. Air handled need not be as clean as above.

Centrifugal, radial blade - a rugged, heavy duty fan for high pressure applications. It is designed to handle sand, wood chips, etc.

Centrifugal, forward curved blade - ideal for low pressure applications, such as domestic furnaces or room and packaged air conditioners.

FIGURE 13. FAN TYPES: (A) VANEAXIAL; (B) BACKWARD CURVED BLADE; (C) TUBEAXIAL; (D) RADIAL; (E) RADIAL TIP BLADE; (F) AIRFOIL BLADE. COURTESY OF BUFFALO FORGE COMPANY.

Tubular Centrifugal - used for low pressure return air systems in heating and ventilating applications.

Vaneaxial - used for fume exhaust, paint spray booths, and drying ovens.

Tubeaxial - used in low to medium pressure heating, ventilating, and air conditioning systems. Its uses are similar to the vaneaxial.

Propeller - commonly used for roof exhausts without attached ductwork and make-up air applications. It is characterized by low pressure and high volume air flow.

Each of the preceding fan types has particular noise characteristics associated with it. There are many ways of estimating fan noise. The technique presented here to estimate fan noise is based on the method of J.B. Graham of the Buffalo Forge Company[6].

To calculate a fan's sound power level, the basic sound power level (based on a fan operating at 1 CFM and a pressure of 1 inch of water) is adjusted to any specific design. This is accomplished by using the relationship:

$$L_W = L_W(B) + 10 \log F + 20 \log p \qquad (13)$$

$$\text{or, } L_W = L_W(B) + L_W(C) \qquad (14)$$

where $L_W(B)$ = basic sound power level (from Table XXIV)
$F$ = volume flow rate (CFM)
$p$ = pressure inches of $H_2O$
$L_W$ = sound power level (dB re $10^{-12}$ watt)
$L_W(C)$ = $10 \log F + 20 \log p$

The particular blade tone component at the blade frequency must also be added to the fan sound power level. The blade frequency is determined by:

$$F_b = \frac{(\text{RPM x N})}{60} \qquad (15)$$

where $F_b$ = blade frequency, Hz
$N$ = number of blades

The sound power level calculated by this method is the total power of the fan. Subtract 3 dB for inlet or outlet power. A basic premise is that the fan be designed well and be operating near its maximum efficiency. This, in turn, means that the fan is generating the minimum noise level based on its operating condition.

TABLE XXIV

BASIC SOUND POWER LEVELS OF FANS

| DESCRIPTION | BLADE TONE COMPONENT, $B_T$ | BASIC SOUND POWER LEVELS, $L_W$ | | | | | | | |
|---|---|---|---|---|---|---|---|---|---|
| | | OCTAVE BAND CENTER FREQUENCY, HZ | | | | | | | |
| | | 63 | 125 | 250 | 500 | 1000 | 2000 | 4000 | 8000 |
| CENTRIFUGAL AIR FOIL BLADE | 3 | 35 | 35 | 34 | 32 | 31 | 26 | 18 | 10 |
| CENTRIFUGAL BACKWARDLY CURVED BLADE | 3 | 35 | 35 | 34 | 32 | 31 | 26 | 18 | 10 |
| CENTRIFUGAL RADIAL BLADE | 5-8 | 48 | 45 | 45 | 43 | 38 | 33 | 30 | 29 |
| CENTRIFUGAL FORWARD CURVED BLADE | 2 | 40 | 38 | 38 | 34 | 28 | 24 | 21 | 15 |
| TUBULAR CENTRIFUGAL | 4-6 | 46 | 43 | 43 | 38 | 37 | 32 | 28 | 25 |
| VANEAXIAL | 6-8 | 42 | 39 | 41 | 42 | 40 | 37 | 35 | 25 |
| TUBEAXIAL | 6-8 | 44 | 42 | 46 | 44 | 42 | 40 | 37 | 30 |
| PROPELLER | 5-7 | 51 | 48 | 49 | 47 | 45 | 45 | 43 | 31 |

Fan noise is then proportional to the volume flow rate and the pressure developed, and is a function of the type of fan. Table XXIV gives the basic sound power levels and blade tone component for each particular fan type.

SIM 20

Estimate the sound power level of a vaneaxial fan with the following characteristics:

F = 155,000 CFM
speed = 605 rpm
pressure = 1.8 inches of water
number of blades = 10

ANSWER

$L_W(C)$ is computed from Equation 13:

$$L_W(C) = 10 \log (155{,}000) + 20 \log (1.8)$$

$$= 10\ (5.2) + 20\ (.26)$$

$$= 57 \text{ dB}$$

The frequency for the blade tone is computed from Equation 15:

$$F_b = \frac{605 \times 10}{60}$$

$$= 101 \text{ Hz}$$

Using the $L_W$ values from Table XXIV, the sound power level is computed for each octave band:

| | Octave Band Center Frequency, Hz | | | | | | | |
|---|---|---|---|---|---|---|---|---|
| | 63 | 125 | 250 | 500 | 1000 | 2000 | 4000 | 8000 |
| $L_W$ | 42 | 39 | 41 | 42 | 40 | 37 | 35 | 25 |
| $L_W(C)$ | 57 | 57 | 57 | 57 | 57 | 57 | 57 | 57 |
| $B_t$ | 0 | 8 | 0 | 0 | 0 | 0 | 0 | 0 |
| $L_W$ total | 99 | 104 | 98 | 99 | 97 | 94 | 92 | 82 |

## Cooling Tower Noise

There are several different types of cooling towers, and each type has a different sound associated with it. Three common kinds are:

1. Induced draft propeller type. The fan is located on top of the unit and air is forced through the intake louvers to cool the water.

2. Centrifugal fan type. The fan is located near the base of the unit and blows air through it to cool the water.

3. Ejector type. This is a new type of tower which requires no fan. Water under pressure is sprayed into a venturi-shaped plenum. Air is induced into the tower by water.

A comparison of typical sound levels generated from the above types is illustrated in Figure 14.

The noise from a cooling tower is comprised of the noise generated by the fan and the spraying and splashing noise of the water. As illustrated by Figure 14, the upper frequencies are dominated by water noise, and there is a smaller difference between the sound pressure levels of the different types of towers.

Another aspect of a cooling tower's noise is that it is directional. The louvered side of a tower may be higher by 5 decibels or more. Thus, the orientation of the tower in relation to a nearby community is an important factor. To estimate the sound levels from these sources, it is recommended that the user consult the cooling tower manufacturer, since sound levels may vary widely between manufacturers.

A final consideration is the speed of the cooling tower fan. Many towers have two speed motors to account for the variances in outdoor temperature. At the lower speed the tower will run more quietly.

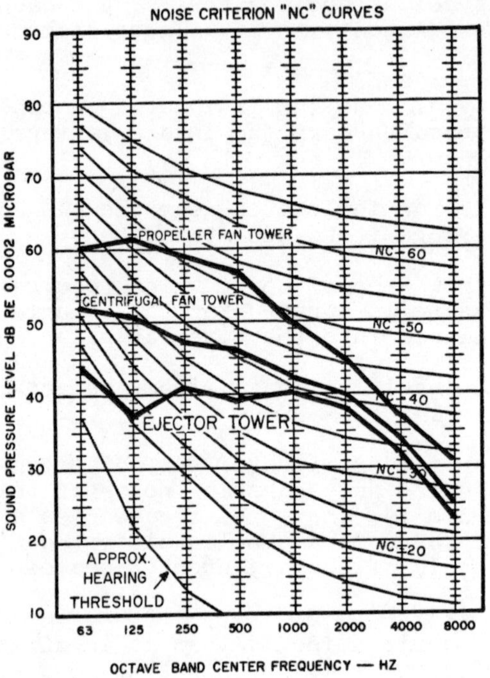


FIGURE 14.

SOUND PRESSURE LEVELS 100 FT. FROM ENDS OF TYPICAL PROPELLER FAN, CENTRIFUGAL FAN, AND EJECTOR TOWERS. (COURTESY OF BALTIMORE AIRCOIL COMPANY, INC.)

## Pumps and Hydraulic Systems

Standard pumps are usually not major noise sources within a plant, although the collective effect of several pumps in a closed space may create a potential problem. Often the motor that drives a pump may make more noise than the pump itself.

Noise in hydraulic systems is induced by both fluid sources (recombining of fluids at the outlet, cavitation, pressure ripple, and other areas where pressure changes occur) and mechanical noise (gears, impact of parts, and unbalance). The noise of a pump generally does not radiate directly from its point of generation, but is transmitted, either by fluid-borne noise or structure-borne vibration, to other machine or piping components. Thus, simple observation of a pump system will not pinpoint the actual noise problem. Engineering techniques are available to control the sources to some extent, so sound levels of pumps by various manufacturers have been found to vary.

In general, pump noise is proportional to horsepower and efficiency, and dependent upon the pump type. Table XXV presents typical sound levels of various types of pumps[7]. Where manufacturers' data is not available, the approximate sound power level of a pump may be estimated from[8]:

$$L_W = 97 + 10 \log HP \left[1-(E/2)\right] \quad (16)$$

where HP = hydraulic horsepower
E = pump efficiency

The frequency spectrum of pumps depends upon the structures excited by the pump vibrations and fluids, and is typically flat. Maximum sound power levels for single stage 1800 RPM centrifugal pumps have been summarized by one manufacturer as presented in Table XXVI.

TABLE XXV

SOUND LEVELS OF VARIOUS PUMP TYPES
(from Parker Hannifin)

| Pump Type | Sound Level, dBA | |
|---|---|---|
| | 500 psi | 1000 psi |
| Screw Type (1700 gpm, 3500 rpm) | 72 | 78 |
| Vane (industrial) (10 gpm, 1200 rpm) | 75 | 82 |
| Axial Piston (10 gpm, 1200 rpm) | 76 | 85 |
| Gear (powdered metal) (10 gpm, 1200 rpm) | 78 | 88 |
| Vane (mobile) (10 gpm, 1200 rpm) | 84 | 92 |
| Gear (machine stock) (10 gpm, 1200 rpm) | 96 | 102 |

TABLE XXVI

TYPICAL SOUND POWER LEVELS FOR AN 1800 RPM CENTRIFUGAL PUMP (dB re $10^{-12}$ watt)

| | Octave Band Center Frequency, Hz | | | | | | | |
|---|---|---|---|---|---|---|---|---|
| | 63 | 125 | 250 | 500 | 1000 | 2000 | 4000 | 8000 |
| $L_W$ | 84 | 87 | 91 | 91 | 87 | 84 | 81 | 76 |

## Motor Noise

With approximately two million motors sold a year, motor noise is of great concern. The two primary types of motor enclosures are the dripproof (DRPR) and the totally enclosed, fan cooled (TEFC) motor. The DRPR cools itself by pulling in outside air and circulating it around the electrical conductors, while the TEFC motor uses a fan to accomplish cooling.

Table XXVII presents a comparison of National Electrical Manufacturers Association (NEMA) and International Electrotechnical Commission (IES) motor noise standards with those of a leading motor manufacturer. From Table XXVII it is evident that (a) most United States motor manufacturers have sound power levels below NEMA standards, (b) 3600 rpm and/or TEFC motors are noisier than their slower speed counterparts, and (c) IES proposed values are generally higher than the NEMA values.

Note: Quiet line motors (from Table XXVII) are the obvious: a special line of motors that are quieter, usually due to fan design.

In order to convert the dBA data to a corresponding octave band analysis, the following approximation may be used in conjunction with the correction factors from Table XXVIII:

$$\text{Octave Band Sound Power Level} = \text{dBA} - \text{CF} \qquad (17)$$

TABLE XXVIII

APPROXIMATE CONVERSION FACTORS FROM DBA TO OCTAVE BAND SOUND POWER LEVELS FOR MOTORS

| | Octave Band Center Frequency, Hz | | | | | | | |
|---|---|---|---|---|---|---|---|---|
| | 63 | 125 | 250 | 500 | 1000 | 2000 | 4000 | 8000 |
| CF | 16 | 12 | 8 | 4 | 4 | 8 | 12 | 16 |

# A-WEIGHTED MOTOR SOUND POWER LEVELS
(dBA re $10^{-12}$ watt)

| | NATIONAL ELECTRICAL MANUFACTURERS ASSOCIATION | | | | INTERNATIONAL ELECTRO-TECHNICAL COMMISSION | | | | A LEADING MOTOR MANUFACTURER'S DATA | | | | | |
|---|---|---|---|---|---|---|---|---|---|---|---|---|---|---|
| | 3600 rpm | | 1800 rpm | | 3600 rpm | | 1800 rpm | | 3600 rpm | | | 1800 rpm | | |
| Horsepower | DPPR | TEFC | DPPR | TEFC | DPPR | TEFC | DPPR | TEFC | DPPR | TEFC | QUIET LINE | DPPR | TEFC | QUIET LINE |
| 1 | | | 70 | 74 | | 86 | | 80 | | | | 60 | 63 | 63 |
| 1.5 | 76 | 88 | 70 | 74 | | 91 | | 83 | 65 | 78 | 78 | 60 | 63 | 63 |
| 3 | 76 | 91 | 72 | 79 | 97 | 100 | 88 | 87 | 65 | 78 | 78 | 60 | 63 | 63 |
| 5 | 80 | 91 | 72 | 79 | 97 | 100 | 88 | 91 | 65 | 83 | 83 | 64 | 68 | 68 |
| 7.5 | 80 | 94 | 76 | 84 | 97 | 100 | 88 | 91 | 68 | 83 | 83 | 64 | 68 | 68 |
| 10 | 84 | 94 | 76 | 84 | 100 | 103 | 92 | 91 | 68 | 86 | 79 | 68 | 73 | 73 |
| 15 | 84 | 98 | 80 | 89 | 100 | 103 | 92 | 96 | 72 | 86 | 79 | 68 | 73 | 73 |
| 20 | 87 | 98 | 80 | 89 | 100 | 103 | 92 | 96 | 72 | 94 | 80 | 74 | 77 | 77 |
| 25 | 87 | 100 | 83 | 92 | 102 | 105 | 94 | 97 | 77 | 93 | 84 | 74 | 82 | 78 |
| 30 | 90 | 100 | 83 | 92 | 102 | 105 | 94 | 97 | 83 | 93 | 84 | 74 | 82 | 78 |
| 40 | 90 | 103 | 86 | 97 | 104 | 107 | 97 | 99 | 83 | 94 | 88 | 74 | 86 | 76 |
| 50 | 94 | 103 | 86 | 97 | 104 | 107 | 97 | 99 | 84 | 94 | 88 | 74 | 86 | 76 |
| 60 | 94 | 105 | 89 | 100 | 106 | 109 | 100 | 103 | 84 | 94 | 84 | 82 | 89 | 78 |
| 75 | 98 | 105 | 89 | 100 | 106 | 109 | 100 | 103 | 91 | 94 | 84 | 82 | 89 | 78 |
| 100 | 98 | 106 | 92 | 102 | 106 | 109 | 100 | 103 | 91 | 95 | 88 | 82 | 90 | 78 |
| 125 | 102 | 107 | 92 | 102 | 108 | 112 | 103 | 106 | 96 | 100 | 89 | 82 | 101 | 91 |
| 150 | 102 | 107 | 94 | 104 | 108 | 112 | 103 | 106 | 96 | 100 | 89 | 85 | 101 | 91 |
| 200 | 105 | | 94 | 104 | 108 | 112 | 103 | 106 | 97 | | | 85 | | 91 |
| 250 | 105 | | | | 110 | 114 | 106 | 109 | 97 | | | | | |

TEFC: Totally enclosed fan

DPPR: Dripproof

QUIET LINE: Change of fan blade plus other motor properties

Motors above 480 volts (usually 300 HP and greater) do not fall into the same category as Table XXVIII. In this class the motor designs are not standardized. One manufacturer specified the noise levels presented in Table XXIX:

TABLE XXIX

LARGE HP MOTOR SOUND POWER LEVELS
(dB re $10^{-12}$ watt)

| Horsepower | Octave Band Center Frequency, Hz | | | | | | | |
|---|---|---|---|---|---|---|---|---|
| | 63 | 125 | 250 | 500 | 1000 | 2000 | 4000 | 8000 |
| 300 - 400 | 76 | 82 | 88 | 94 | 94 | 89 | 82 | 75 |
| 450 and above | 83 | 89 | 95 | 99 | 99 | 94 | 88 | 80 |

Gear Noise

The noise levels of gear trains and systems vary widely between gear types and manufacturers, due to the complex noise generating mechanisms involved. The main source of gear noise is the clashing of gear teeth caused by tolerances, deflections, and vibrations. Noise radiated from the housing and attached structures at their resonant frequencies also contributes to the overall sound power from a gear system.

The gear clash frequency for a simple gear system may be calculated by:

$$F = \frac{RPM \times N}{60} \qquad (18)$$

where F = frequency, Hz
RPM = shaft speed
N = number of gear teeth

Sound power data, measured outside the gear casing, is presented by one manufacturer as indicated in Table XXX:

TABLE XXX

SOUND POWER LEVELS OF GEARS
(dB re $10^{-12}$ watt)

| | Octave Band Center Frequency, Hz | | | | | | | |
|---|---|---|---|---|---|---|---|---|
| $L_W$ | 63 | 125 | 250 | 500 | 1000 | 2000 | 4000 | 8000 |
| High speed unit | 94 | 107 | 99 | 99 | 99 | 98 | 95 | 89 |
| Medium speed unit | 86 | 88 | 90 | 90 | 90 | 89 | 83 | 79 |

SIM 21

Calculate the expected noise level in dBA at the operator's position for the motor/gear/pump system as shown in Figure 15. Use the manufacturer's data for the medium speed gear train (Table XXX), and the pump sound power levels of Table XXVI. Actual manufacturer's data is available for the motor.

For this example, to convert from sound power level to sound pressure, use the following formulas:

At 5 feet: $L_p = L_W - 12$

At 7 feet: $L_p = L_W - 13$

NOTE: The above relationship should be used only for this SIM. In Chapter 6, you will again compute $L_p$ at the operator's position using an exact method.

The manufacturer's motor data is as follows:

| | Octave Band Center Frequency, Hz | | | | | | |
|---|---|---|---|---|---|---|---|
| | 125 | 250 | 500 | 1000 | 2000 | 4000 | 8000 |
| $L_W$ | 86 | 92 | 97 | 97 | 92 | 87 | 78 |

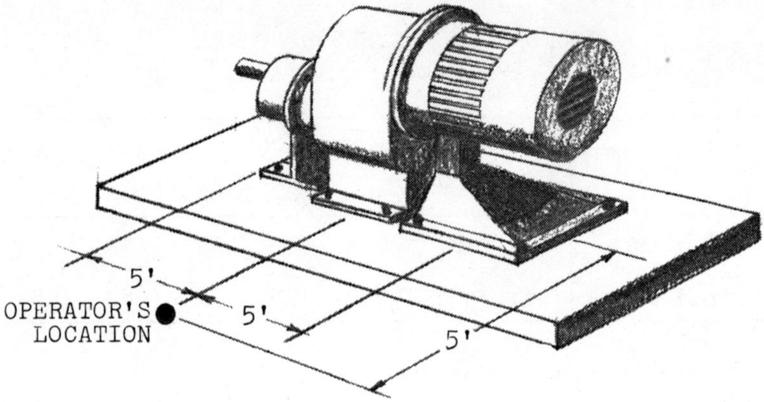


FIGURE 15. MOTOR/GEAR/PUMP SYSTEM.

ANSWER

The sound pressure level at the operator's position is composed of gear, motor, and pump noise. (Since no other information was specified, assume no additional contributions). For each of these sound sources, estimate the sound pressure level at the operator's position, and then combine them.

| | Octave Band Center Frequency, Hz | | | | | | |
|---|---|---|---|---|---|---|---|
| | 125 | 250 | 500 | 1000 | 2000 | 4000 | 8000 |
| $L_W$, Motor | 86 | 92 | 97 | 97 | 92 | 87 | 78 |
| $L_W$, Gear | 88 | 90 | 90 | 90 | 89 | 83 | 79 |
| $L_W$, Pump | 87 | 91 | 91 | 87 | 84 | 81 | 76 |
| $L_p$, Motor (7') | 73 | 79 | 84 | 84 | 79 | 74 | 65 |
| $L_p$, Gear (5') | 76 | 78 | 78 | 78 | 77 | 71 | 67 |
| $L_p$, Pump (7') | 74 | 78 | 78 | 74 | 71 | 68 | 63 |
| $L_p$ total | 79 | 83 | 86 | 85 | 82 | 77 | 70 |

Using the correction factors of Table X, the A-Weighted noise level is calculated as 88 dBA. In this case, the pump had little effect on the overall noise level.

## Compressor Noise

Just as a pump raises the pressure on a liquid, a compressor raises gas pressure. The compressor may be driven by either a motor or steam turbine. In addition, a gear train system may be required to match the speed of the driver to the components. Compressors may be used by themselves, such as a plant or instrument air compressor, or used in conjunction with refrigeration equipment. The compressor, along with the driver and gear, are all potential noise offenders.

The overall sound power, $L_W$, level for centrifugal compressors may be estimated from[8]:

$$L_W = 20 \log HP + 81 + 50 \log (U/800) \qquad (19)$$

where HP = compressor horsepower
U = blade tip velocity, ft./sec.

The sound spectra of centrifugal compressors is broadband, with the maximum noise at a frequency, f, equal to:

$$f = 1.25\ U \qquad (20)$$

The sound power frequency spectra for a typical 800 HP centrifugal compressor package is given in Table XXXI.

TABLE XXXI

OCTAVE BAND SOUND POWER LEVELS
OF AN 800 HP CENTRIFUGAL COMPRESSOR
(dB re $10^{-12}$ watt)

| | Octave Band Center Frequency, Hz | | | | | | | |
|---|---|---|---|---|---|---|---|---|
| | 63 | 125 | 250 | 500 | 1000 | 2000 | 4000 | 8000 |
| $L_W$ | 95 | 95 | 95 | 101 | 102 | 102 | 103 | 102 |

For axial compressors, the overall sound power level, $L_W$, may be estimated from[8]:

$$L_W = 76 + 20 \log HP \qquad (21)$$

The maximum noise output is at a frequency equal to the second harmonic of the blade passage frequency, or:

$$F = 2(N)(RPM)/60 \qquad (22)$$

where N = number of blades
RPM = shaft rotational velocity

The results of A-Weighted sound level measurements of compressors, measured at three feet, are presented in Figure 16.

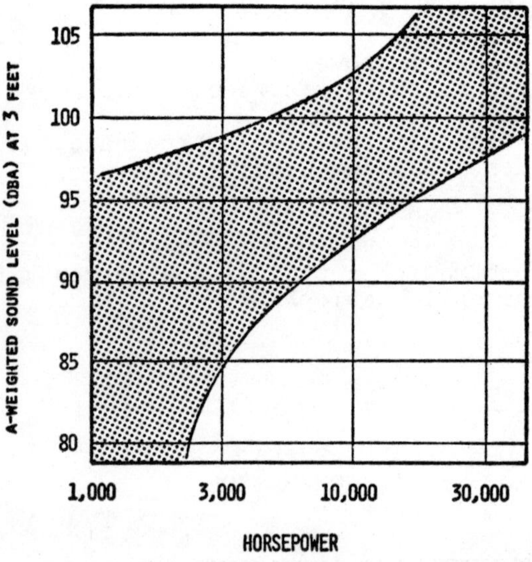


FIGURE 16.

RANGE OF A-WEIGHTED SOUND LEVELS FOR LARGE COMPRESSORS (4000-12000 RPM)[9].

## Chiller Noise

Sound levels from chillers are basically caused by the fluid flow and by the rotating elements of the machine: the rotor, drive or transmission, and impeller[10]. Techniques for standardized measurement of chiller noise have been adapted by the Air Conditioning and Refrigeration Institute in their standard ARI 575.

The noise data for chillers of various sizes and manufacturers shows very little correlation between noise level and size. In a recent study sponsored by the Air Conditioning and Refrigeration Institute, they compiled octave band sound pressure level data for three classifications of chiller types, standardizing on measurements at 3 feet from the machine surface. This data, presented in Figure 17, represents the most complete noise level data for state-of-the-art chiller design[11]. Again, this data should only be used as generalized noise levels where actual manufacturers' data is not available.

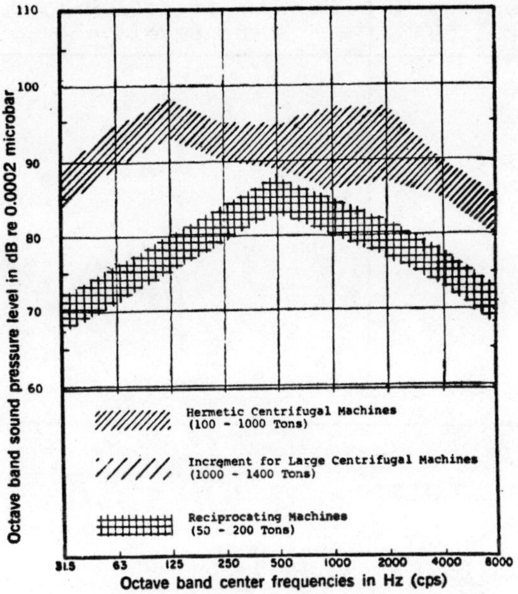


FIGURE 17.

GENERALIZED OCTAVE BAND SOUND PRESSURE LEVELS FOR CHILLERS[11].

## Transformer Noise

Transformers emit a continuous hum which may be very annoying. The National Electric Manufacturers Association (NEMA) has published data on transformer sound levels, measured at 1 foot from the transformer. This data is summarized in Table XXXII.

Most of the noise of a transformer is radiated in the 120, 240, and 360 Hz harmonics, due to the electrical properties of three-phase AC operation. To convert the NEMA rating to octave band data the following approximation may be applied, using the correction factors of Table XXXIII:

$$L_p \text{ (Octave Band)} = \text{NEMA rating} + \text{CF} \quad (23)$$

TABLE XXXII

A-WEIGHTED SOUND LEVELS OF DRY TYPE TRANSFORMERS AT 1'

| Transformer (KVA) | Self Cooled Type Sound Level, dBA | Forced Air Cooled Type Sound Level, dBA |
|---|---|---|
| 0 - 300 | 66 | 70 |
| 301 - 500 | 68 | 71 |
| 501 - 700 | 72 | 75 |
| 701 - 1000 | 72 | 75 |
| 1001 - 1500 | 74 | 77 |
| 1501 - 2000 | 76 | 79 |
| 2001 - 3000 | 78 | 81 |

TABLE XXXIII

OCTAVE BAND CORRECTION FACTORS
FOR NEMA (dBA) SOUND RATINGS

| | Octave Band Center Frequency, Hz | | | | | | | |
|---|---|---|---|---|---|---|---|---|
| | 63 | 125 | 250 | 500 | 1000 | 2000 | 4000 | 8000 |
| CF | 2 | 6 | 0 | -4 | -4 | -10 | -15 | -21 |

If the transformer was located outside an observer with a sound level meter would read a value similar to the NEMA rating. Inside an electrical room the reading would increase up to 20 dB. This is due to the large radiating surface of the transformer in comparison with the absorption area of the room surfaces. In Chapter 5 this problem will be considered in more detail. Another problem with transformers may be the vibrations transmitted to the supporting floor. The conduit connected to the transformer will also vibrate to any wall to which it is connected. Flexible connectors and transformer vibration mounts should always be considered in initial design.

## Gas Control Valve Noise

Control valves, especially associated with steam and gas lines, can be very noisy. Valve noise radiates not only from the valve itself, but also from connected piping and structures downstream from the valve, with the noise energy actually being transmitted from the valve by the fluid. Thus, noise which is often attributed to pipeline flow is usually valve noise. The noise generated by a control valve is caused mainly by three mechanisms: aerodynamic noise, mechanical vibration, and cavitation. Several manufacturers of valves have recently made considerable progress in developing methods for the prediction and reduction of valve noise including:

Fisher Controls Company, Marshalltown, IA 50158
Jordan Valve Company, Cincinnati, OH 45216
Leslie Valve Company, Parsippany, NJ 07054
Masoneilan International, Inc., Norwood, MA 02062

The Fisher Controls Company gives the following method for the prediction of control valve noise[12]:

> The overall sound pressure level is computed as the sum of four variables related to the valve operational parameters:
>
> $$L_p = L_p(A) + L_p(B) + L_p(C) + L_p(D) \quad (24)$$
>
> where $L_p$ = overall noise level in decibels at a predetermined point (48" downstream of the valve outlet and 29" from the pipe surface).
>
> $L_p(A)$ = base sound pressure level in dB, determined as a function of pressure drop, from Figure 18.
>
> $L_p(B)$ = correction in dB for required gas (or steam) sizing coefficient, from Figure 19.
>
> $L_p(C)$ = correction in dB for valve style and pressure drop ratio ($\Delta P/P_1$, $P_1$ in psia), from Figure 20.
>
> $L_p(D)$ = correction in dB for acoustical treatment; i.e., heavy-walled pipe, insulation, in-line silencers, etc. Correction factors for pipe wall attenuation are presented in Table XXXIV.

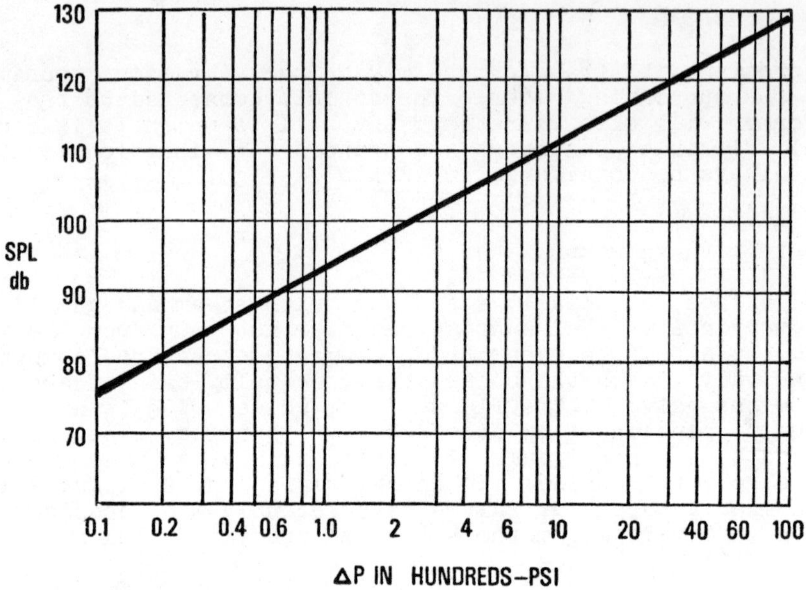


FIGURE 18. BASE SOUND PRESSURE LEVEL FOR CONTROL VALVES.

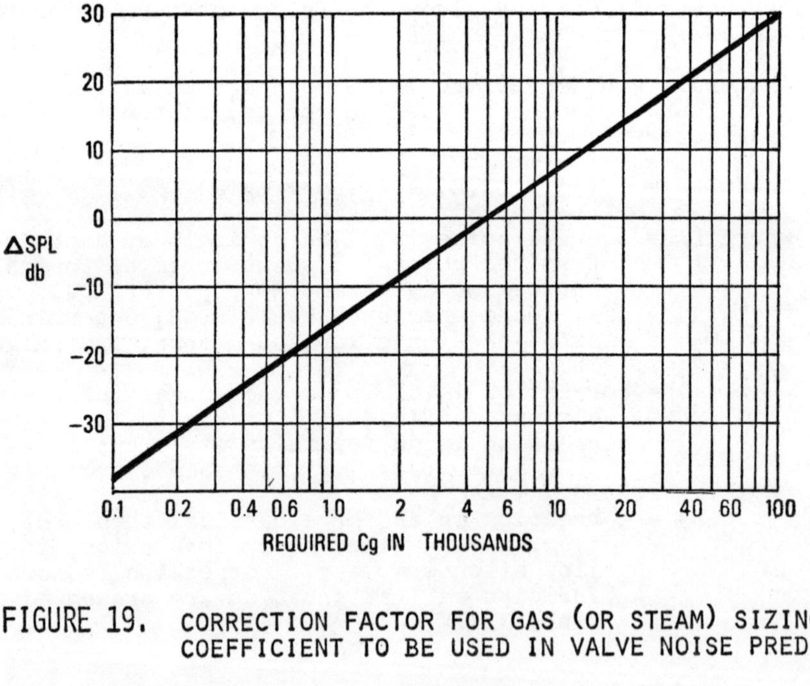


FIGURE 19. CORRECTION FACTOR FOR GAS (OR STEAM) SIZING COEFFICIENT TO BE USED IN VALVE NOISE PREDICTION.

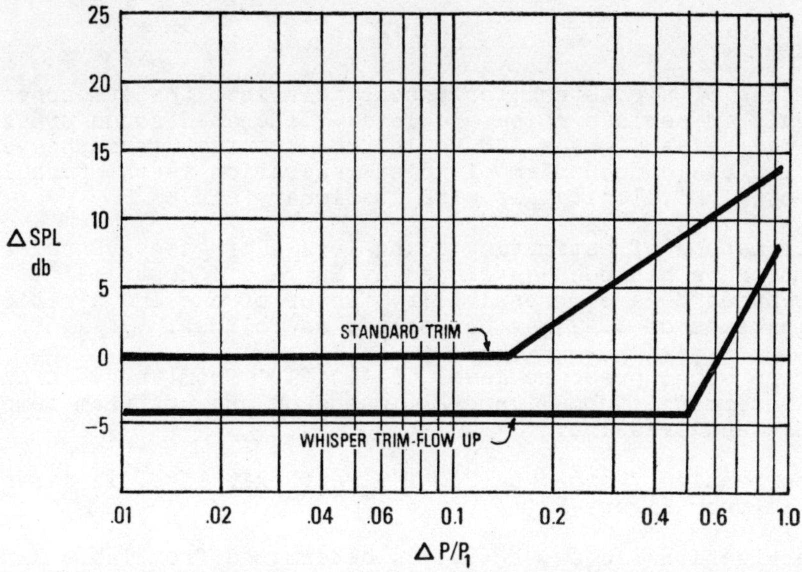


FIGURE 20. CORRECTION FACTOR FOR VALVE PRESSURE DROP RATIO.

TABLE XXXIV

CORRECTION FACTORS FOR PIPE WALL ATTENUATION

| Nominal Pipe Size, Inches | Schedule Number | | | | | | | |
|---|---|---|---|---|---|---|---|---|
| | 30 | 40 | 80 | 120 | 160 | STD | XS | XXS |
| 2 | -- | 0 | -6 | --- | -12 | 0 | -6 | -16 |
| 4 | -- | 0 | -7 | -10 | -13 | 0 | -7 | -16 |
| 6 | -- | 0 | -8 | -12 | -15 | 0 | -8 | -18 |
| 8 | +3 | 0 | -9 | -14 | -18 | 0 | -9 | -16 |
| 10 | +3 | 0 | -9 | -14 | -19 | 0 | -6 | --- |
| 12 | +4 | 0 | -10 | -16 | -20 | 0 | -5 | --- |

## Vent Noise

The venting of air, steam, or process gas into the atmosphere may result in serious noise problems. Generated sound pressure levels may be as high as 140 to 160 dBA ten feet from the vent exit. The basic mechanism of noise generation is the turbulent mixing of high velocity gas with stationary air.

A simple method of estimating sound levels of gases vented to the atmosphere has been developed by Burgess Industries[13]. This method, based on a compressibility factor of one and a ratio of specific heats of 1.4, may be applied as follows:

1. A base sound pressure level, $L_p(1)$, 10' from the vent exit, is determined from Figure 21, based on the upstream temperature and pressure.

2. A correction factor, $L_p(2)$, for vent exit size, is determined from Figure 22(A).

3. A correction factor, $L_p(3)$, is determined from Table XXXV, based on the type of gas.

4. The overall vent sound pressure level, $L_p$, is the sum of the base sound level, $L_p(1)$, plus the correction factors $L_p(2)$ and $L_p(3)$, from Figure 22 and Table XXXV. At 10':

$$L_p = L_p(1) + L_p(2) - L_p(3) \quad (25)$$

5. The vent sound pressure level at any distance may be determined by applying Equation 4, or by using the correction factors from Figure 22(B).

6. The frequency of the maximum sound energy, $F_o$, may be determined from the equation (based on specific heat ratio of 1.4):

$$F_o = \frac{52.8}{d}\sqrt{\frac{T}{MW}} \quad (26)$$

where d = Vent exit diameter, ft.
T = Temperature, or ( R° = F° + 460)
MW = Molecular weight

7. The octave band sound pressure levels may be calculated by applying the conversion factors of Table XXXVI to the overall vent sound pressure level. It should be pointed out, however, that harmonics may also occur, causing the calculated sound levels to be exceeded above the peak frequency.

These estimated noise levels do not include the effect of sound directivity or atmospheric absorption. Both of these topics are discussed in Chapter 5.

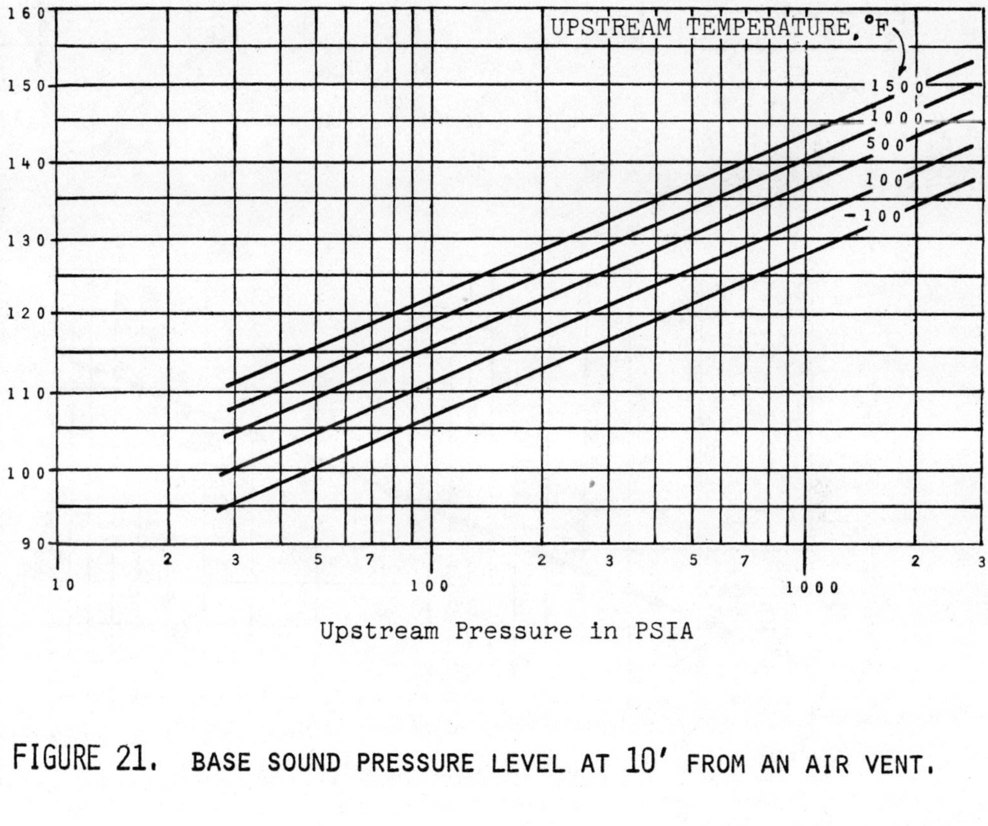


FIGURE 21. BASE SOUND PRESSURE LEVEL AT 10′ FROM AN AIR VENT.

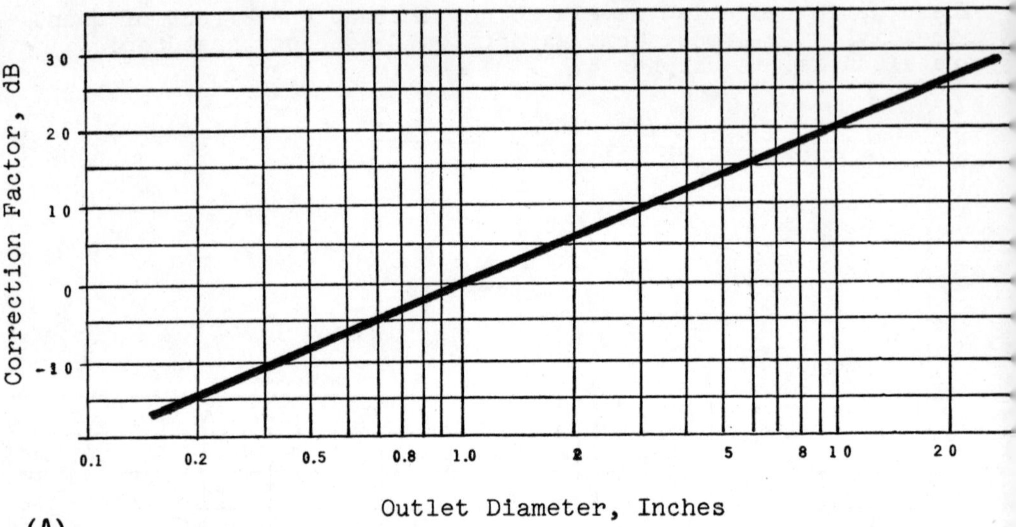


(A)

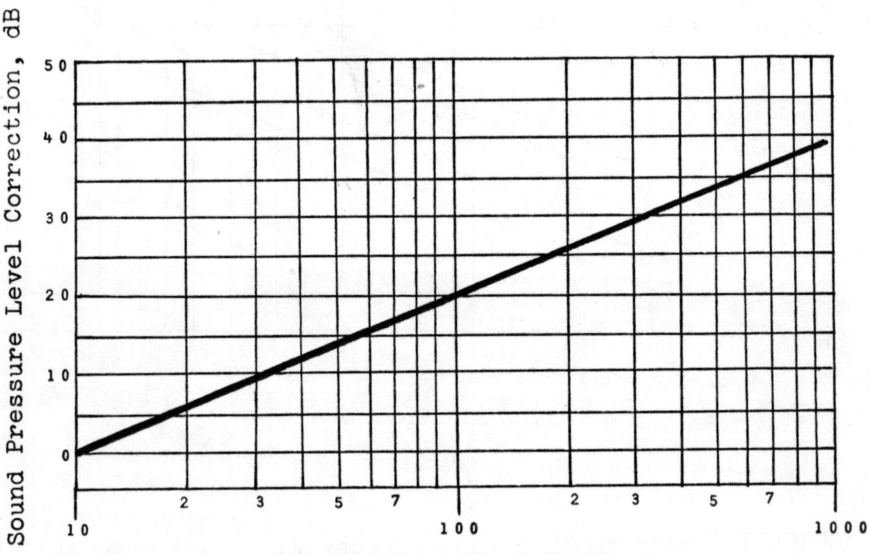


(B)

FIGURE 22. VENT SOUND PRESSURE LEVEL GRAPHS.

TABLE XXXV

VENT NOISE CORRECTION FACTORS FOR GAS SPECIFIC GRAVITY

| Gas Type | | Correction, dB |
|---|---|---|
| Air | | 0.0 |
| Carbon Monoxide | | + 0.4 |
| Hydrogen | | +23.0 |
| Helium | | +19.0 |
| Methane | | + 5.0 |
| Nitrogen | | + 0.2 |
| Oxygen | | - 0.9 |
| Carbon Dioxide | | - 2.2 |
| Super-Heated Steam | | + 3.7 |
| Saturated Steam | | - 5.0 |
| Hydrocarbon Gases | | |
| Specific Gravity | 1.0 | 0.0 |
| | 0.9 | + 0.8 |
| | 0.8 | + 1.8 |
| | 0.7 | + 3.0 |
| | 0.6 | + 4.2 |
| | 0.5 | + 5.8 |
| | 0.4 | + 7.6 |
| | 0.3 | +10.0 |

TABLE XXXVI

OCTAVE BAND SOUND PRESSURE LEVEL
CORRECTION FACTORS FOR A VENT

| Frequency | Correction Factor, dB |
|---|---|
| 1/32 $F_o$ | -26 |
| 1/16 $F_o$ | -21 |
| 1/8 $F_o$ | -15 |
| 1/4 $F_o$ | -10 |
| 1/2 $F_o$ | - 7 |
| $F_o$ | - 5 |
| 2 $F_o$ | - 7 |
| 4 $F_o$ | -10 |
| 8 $F_o$ | -17 |
| 16 $F_o$ | -25 |
| 32 $F_o$ | -31 |
| 64 $F_o$ | -37 |

$F_o$ is the frequency of maximum sound energy.

JOB 4A

Estimate the sound power level for each H&V fan in the AJAX Plant. The equipment data is as follows:

| | CFM | Type | HP | RPM | P | No. of Blades |
|---|---|---|---|---|---|---|
| H&V Fan #1 | 25,000 | Air Foil | 25 | 1344 | 4" | 4 |
| 2 | 36,000 | Air Foil | 40 | 834 | 4" | 4 |
| 3 | 10,000 | Propeller | 2 | 760 | 1" | 6 |
| 4 | 24,500 | Propeller | 5 | 875 | 1" | 3 |
| 5 | 24,500 | Propeller | 5 | 875 | 1" | 3 |
| 6 | 24,500 | Propeller | 5 | 875 | 1" | 3 |
| 7 | 4,300 | Propeller | 3/4 | 1455 | 1.2" | 4 |
| 8 | 4,300 | Propeller | 3/4 | 1455 | 1.2" | 4 |
| 9 | 80,000 | Vaneaxial | 30 | 870 | 1.2" | 10 |
| 10 | 80,000 | Vaneaxial | 30 | 870 | 1.2" | 10 |
| 11 | 80,000 | Vaneaxial | 30 | 870 | 1.2" | 10 |
| 12 | 80,000 | Vaneaxial | 30 | 870 | 1.2" | 10 |
| 13 | 80,000 | Vaneaxial | 30 | 870 | 1.2" | 10 |
| 14 | 80,000 | Vaneaxial | 30 | 870 | 1.2" | 10 |
| 15 | 80,000 | Vaneaxial | 30 | 870 | 1.2" | 10 |
| 16 | 80,000 | Vaneaxial | 30 | 870 | 1.2" | 10 |
| 17 | 80,000 | Vaneaxial | 30 | 870 | 1.2" | 10 |
| 18 | 80,000 | Vaneaxial | 30 | 870 | 1.2" | 10 |
| 19 | 95,000 | Vaneaxial | 50 | 860 | 1.2" | 10 |
| 20 | 95,000 | Vaneaxial | 50 | 860 | 1.2" | 10 |
| 21 | 95,000 | Vaneaxial | 50 | 860 | 1.2" | 10 |
| 22 | 95,000 | Vaneaxial | 50 | 860 | 1.2" | 10 |
| 23 | 95,000 | Vaneaxial | 50 | 860 | 1.2" | 10 |
| 24 | 95,000 | Vaneaxial | 50 | 860 | 1.2" | 10 |
| 25 | 95,000 | Vaneaxial | 50 | 860 | 1.2" | 10 |
| 26 | 95,000 | Vaneaxial | 50 | 860 | 1.2" | 10 |
| Forced Draft Fan | 50,000 | Centrifugal Backward Inclined Blade | 200 | 1800 | 1" | 18 |

## ANALYSIS

### Noise from H&V fans

H&V #1

The blade tone frequency is computed from Equation 15:

$$F_b = (RPM \times N)/60$$

$$= (1344 \times 4)/60$$

$$= 90 \text{ Hz}$$

The sound power level is computed from Equations 13 and 14:

$$L_W = L_W(B) + L_W(C) + L_W(B_t)$$

$L_W(B)$ and $L_W(B_t)$ are found from Table XXIV, and

$$L_W(C) = 10 \log (25{,}000) + 20 \log (4)$$

$$= 10\ (4.4) + 20 \log (4)$$

$$= 56 \text{ dB}$$

| | Octave Band Center Frequency, Hz | | | | | | | |
|---|---|---|---|---|---|---|---|---|
| | 63 | 125 | 250 | 500 | 1000 | 2000 | 4000 | 8000 |
| $L_W(B)$ | 35 | 35 | 34 | 32 | 31 | 26 | 18 | 10 |
| $L_W(C)$ | 56 | 56 | 56 | 56 | 56 | 56 | 56 | 56 |
| $L_W(B_t)$ | 0 | 3 | 0 | 0 | 0 | 0 | 0 | 0 |
| $L_W$ | 91 | 94 | 90 | 88 | 87 | 82 | 74 | 66 |

Similarly, H&V #2:

| | Octave Band Center Frequency, Hz | | | | | | | |
|---|---|---|---|---|---|---|---|---|
| | 63 | 125 | 250 | 500 | 1000 | 2000 | 4000 | 8000 |
| $L_W(B)$ | 35 | 35 | 34 | 32 | 31 | 26 | 18 | 10 |
| $L_W(C)$ | 58 | 58 | 58 | 58 | 58 | 58 | 58 | 58 |
| $L_W(B_t)$ | 3 | 0 | 0 | 0 | 0 | 0 | 0 | 0 |
| $L_W$ | 96 | 93 | 92 | 90 | 89 | 84 | 76 | 68 |

H&V #3:

| | Octave Band Center Frequency, Hz | | | | | | | |
|---|---|---|---|---|---|---|---|---|
| | 63 | 125 | 250 | 500 | 1000 | 2000 | 4000 | 8000 |
| $L_W(B)$ | 51 | 48 | 49 | 47 | 45 | 45 | 43 | 31 |
| $L_W(C)$ | 40 | 40 | 40 | 40 | 40 | 40 | 40 | 40 |
| $L_W(B_t)$ | 7 | 0 | 0 | 0 | 0 | 0 | 0 | 0 |
| $L_W$ | 98 | 88 | 89 | 87 | 85 | 85 | 83 | 71 |

H&V #4, 5, & 6:

| | Octave Band Center Frequency, Hz | | | | | | | |
|---|---|---|---|---|---|---|---|---|
| | 63 | 125 | 250 | 500 | 1000 | 2000 | 4000 | 8000 |
| $L_W(B)$ | 51 | 48 | 49 | 47 | 45 | 45 | 43 | 31 |
| $L_W(C)$ | 44 | 44 | 44 | 44 | 44 | 44 | 44 | 44 |
| $L_W(B_t)$ | 7 | 0 | 0 | 0 | 0 | 0 | 0 | 0 |
| $L_W$ | 102 | 92 | 93 | 91 | 89 | 89 | 87 | 75 |

H&V #7 & 8:

| | Octave Band Center Frequency, Hz | | | | | | | |
|---|---|---|---|---|---|---|---|---|
| | 63 | 125 | 250 | 500 | 1000 | 2000 | 4000 | 8000 |
| $L_W(B)$ | 51 | 48 | 49 | 47 | 45 | 45 | 43 | 31 |
| $L_W(C)$ | 38 | 38 | 38 | 38 | 38 | 38 | 38 | 38 |
| $L_W(B_t)$ | 0 | 7 | 0 | 0 | 0 | 0 | 0 | 0 |
| $L_W$ | 89 | 93 | 87 | 85 | 83 | 83 | 81 | 69 |

H&V #9-18:

| | Octave Band Center Frequency, Hz | | | | | | | |
|---|---|---|---|---|---|---|---|---|
| | 63 | 125 | 250 | 500 | 1000 | 2000 | 4000 | 8000 |
| $L_W(B)$ | 42 | 39 | 41 | 42 | 40 | 37 | 35 | 25 |
| $L_W(C)$ | 51 | 51 | 51 | 51 | 51 | 51 | 51 | 51 |
| $L_W(B_t)$ | 0 | 8 | 0 | 0 | 0 | 0 | 0 | 0 |
| $L_W$ | 93 | 98 | 92 | 93 | 91 | 88 | 86 | 76 |

H&V #19-26:

| | Octave Band Center Frequency, Hz | | | | | | | |
|---|---|---|---|---|---|---|---|---|
| | 63 | 125 | 250 | 500 | 1000 | 2000 | 4000 | 8000 |
| $L_W(B)$ | 42 | 39 | 41 | 42 | 40 | 37 | 35 | 25 |
| $L_W(C)$ | 51 | 51 | 51 | 51 | 51 | 51 | 51 | 51 |
| $L_W(B_t)$ | 0 | 8 | 0 | 0 | 0 | 0 | 0 | 0 |
| $L_W$ | 93 | 98 | 92 | 93 | 91 | 88 | 86 | 76 |

Forced Draft Fan:

| | Octave Band Center Frequency, Hz | | | | | | | |
|---|---|---|---|---|---|---|---|---|
| | 63 | 125 | 250 | 500 | 1000 | 2000 | 4000 | 8000 |
| $L_W(B)$ | 35 | 35 | 34 | 32 | 31 | 26 | 18 | 10 |
| $L_W(C)$ | 47 | 47 | 47 | 47 | 47 | 47 | 47 | 47 |
| $L_W(B_t)$ | 0 | 0 | 0 | 3 | 0 | 0 | 0 | 0 |
| $L_W$ | 82 | 82 | 81 | 82 | 78 | 73 | 65 | 57 |

JOB 4B

Estimate the sound pressure level at 10 feet for the following vents:

Vent #1

Saturated steam
Valve size: 4"
Temperature: 400° F.
Pressure: 250 psig
Molecular weight: 18

Vent #2

Saturated steam
Valve size: 6"
Temperature: 200° F.
Pressure: 200 psig
Molecular weight: 18

Vents #3 & 4

Air
Valve size: 2"
Temperature: 75° F.
Pressure: 250 psig
Molecular weight: 29

ANALYSIS

The sound pressure level is determined from Equation 25:

$$L_p = L_p(1) + L_p(2) + L_p(3)$$

Vent #1

| | |
|---|---|
| $L_p(1)$, from Figure 21 = | 124 |
| $L_p(2)$, from Figure 22 = | 12 |
| $L_p(3)$, from Table XXXV = | - 5 |
| Total $L_p$ (10') | 131 dB |

From Equation 26, $F_o$ = 1000 Hz

Vent #2

| | |
|---|---|
| $L_p(1)$ | 119 |
| $L_p(2)$ | 15 |
| $L_p(3)$ | - 5 |
| Total $L_p$ (10') | 129 dB |

From Equation 26, $F_o$ = 500 Hz

Vents #3 & 4

| | |
|---|---|
| $L_p(1)$ | 120 |
| $L_p(2)$ | 5 |
| $L_p(3)$ | 0 |
| Total $L_p$ (10') | 125 dB |

From Equation 26, $F_o$ = 1000 Hz

JOB 4C

Estimate the sound power levels for the equipment and associated motors below. All motors are TEFC. Use NEMA estimates, and typical pump data of Table XXVI.

Equipment specifications:

Boiler House

| | |
|---|---|
| Boiler feed pump: | 125 HP/3600 rpm |
| Chilled water pump: | 60 HP/1800 rpm |
| Cooling water pump: | 200 HP/1800 rpm |
| Utility pumps 1&2: | 150 HP/1800 rpm |

Process Building

20 pumps: 200 HP/1800 rpm

Water and Waste Treatment

5 pumps: 125 HP/1800 rpm

Yard Facility

| | |
|---|---|
| Well water pump: | 200 HP/1800 rpm |
| Cooling water pump: | 200 HP/1800 rpm |

3000 KVA self-cooled substation

## ANALYSIS

The A-Weighted motor sound levels are found from Table XXVII, using the NEMA values. The octave band levels are then found by use of Equation 17 and Table XXVIII. The pump data of Table XXVI is used for all pumps. The transformer noise is found by using Tables XXXII and XXXIII.

| | Octave Band Center Frequency, Hz | | | | | | | |
|---|---|---|---|---|---|---|---|---|
| | 63 | 125 | 250 | 500 | 1000 | 2000 | 4000 | 8000 |
| Boiler Feed Pump Motor | 91 | 95 | 99 | 103 | 103 | 99 | 95 | 91 |
| Chilled Water Pump Motor | 84 | 88 | 92 | 96 | 96 | 92 | 88 | 84 |
| Cooling Water Pump Motor | 88 | 92 | 96 | 100 | 100 | 96 | 92 | 88 |
| Utility Pump #1 Motor | 88 | 92 | 96 | 100 | 100 | 96 | 92 | 88 |
| Utility Pump #2 Motor | 88 | 92 | 96 | 100 | 100 | 96 | 92 | 88 |
| Process Building Pump Motors | 88 | 92 | 96 | 100 | 100 | 96 | 92 | 88 |
| Water & Waste Treatment Pump Motors | 86 | 90 | 94 | 98 | 98 | 94 | 90 | 86 |
| Boilerhouse, Process Bldg, & Water & Waste Treatment Pumps | 84 | 87 | 91 | 91 | 87 | 84 | 81 | 76 |
| Cooling Water Pump Motor | 88 | 92 | 96 | 100 | 100 | 96 | 92 | 88 |
| Well Water Pump Motor | 88 | 92 | 96 | 100 | 100 | 96 | 92 | 88 |
| Cooling Water Pump | 84 | 87 | 91 | 91 | 87 | 84 | 81 | 76 |
| Well Water Pump | 84 | 87 | 91 | 91 | 87 | 84 | 81 | 76 |
| 3000 KVA Transformer | 80 | 84 | 78 | 74 | 74 | 68 | 63 | 57 |

# CHAPTER 5

# SOUND OUTDOORS

# CHAPTER 5 - SOUND OUTDOORS

We saw from Chapter 2 that various formulas are used to predict sound pressure or sound power levels. The general equation which was introduced in Chapter 2 -

$$L_p = L_W + 10 \log \left(\frac{Q}{4\pi r^2}\right) + 10.5 \quad (3)$$

where $L_p$ = sound pressure level, dB re .0002 microbar
$L_W$ = sound power level, dB re $10^{-12}$ watt
$Q$ = directivity factor
$r$ = distance from source in feet

- is the basic equation relating sound power and sound pressure under free field conditions. This equation does not take into account atmospheric absorption, the effect of barriers, or any unusual topographical conditions. An alternate form of this equation is:

$$L_p = L_W + 10 \log \left(\frac{1}{S}\right) + 10.5 \quad (27)$$

where S = total surface receiving the noise in square feet

A key to understanding this equation lies in the comprehension of Q, the directivity factor. Q takes into account the directivity of the source and the reflecting surfaces. If we consider a point source radiating uniformly in all directions with no reflecting surfaces, then Q = 1, and the total surface receiving the power would be a sphere.

SIM 22

What is the effect of placing a uniform source

a) on a flat surface?
b) in a corner?

ANSWER

Equating the log term of Equations 3 and 27:

$$\frac{Q}{4\pi r^2} = \frac{1}{S}$$

$$\text{or,} \quad Q = \frac{4\pi r^2}{S} \quad (28)$$

a) The radiating surface area for a noise source on a flat surface is $2\pi r^2$. Thus, from Equation 28:

$$Q = (4\pi r^2)/(2\pi r^2) = 2$$

The effect is an increase in sound pressure level of:

$$L_p = 10 \log Q = 10 \log (2) = 3 \text{ dB}$$

b) For a noise source in a corner:

$$S = \tfrac{1}{2}\pi r^2$$

$$Q = (4\pi r^2)/(\tfrac{1}{2}\pi r^2) = 8$$

$$L_p \text{ increase} = 10 \log Q = 10 \log (8) = 9 \text{ dB}$$

Reflecting surfaces increase the sound pressure level, since the power is directed toward a particular location. Directivity factors for various sound radiation patterns are summarized in Figure 23.

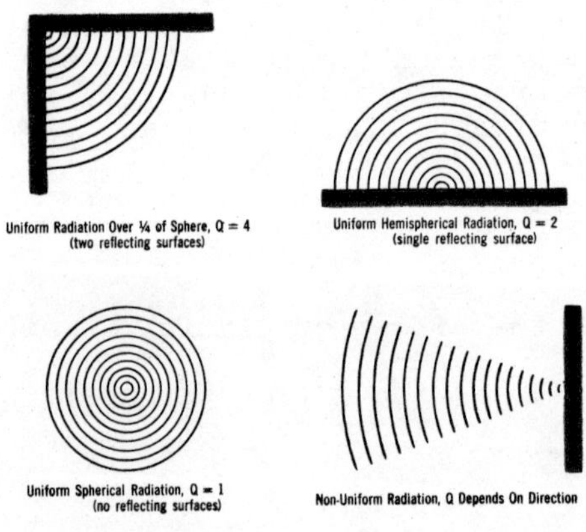


FIGURE 23. DIRECTIVITY FACTORS FOR VARIOUS SOUND RADIATING PATTERNS.

If a noise source is non-uniform, Q is also used to express the source directivity. Q may be any number greater than zero. A cooling tower is an example of a non-uniform source.

SIM 23

The sound power level, $L_W$, and sound pressure levels of a cooling tower measured from sides A and B at 50 feet are given by the manufacturer as follows:

| | Octave Band Center Frequency, Hz | | | | | | | |
|---|---|---|---|---|---|---|---|---|
| | 63 | 125 | 250 | 500 | 1000 | 2000 | 4000 | 8000 |
| $L_W$, decibels | 97 | 96 | 92 | 93 | 87 | 83 | 79 | 73 |
| $L_p$, 50', Side A | 63 | 62 | 58 | 59 | 53 | 49 | 46 | 40 |
| $L_p$, 50', Side B | 67 | 66 | 61 | 63 | 56 | 53 | 48 | 42 |

Compute Q for sides A and B for each octave band.

ANSWER

From Equation 3:

$$L_p = L_W + 10 \log Q - 10 \log (r^2) - 0.5$$

$$10 \log Q = L_p - L_W + 10 \log (r^2) + 0.5$$

For Side A, at 63 Hz:

$$10 \log Q = 63 - 97 + 10 \log (2500) + 0.5$$

$$10 \log Q = 63 - 97 + 34 + 0.5$$

$$10 \log Q = 0.5$$

$$Q = 1.1$$

Performing similar calculations for other frequencies:

| | Octave Band Center Frequency, Hz | | | | | | | |
|---|---|---|---|---|---|---|---|---|
| | 63 | 125 | 250 | 500 | 1000 | 2000 | 4000 | 8000 |
| Q for Side A | 1.1 | 1.1 | 1.1 | 1.1 | 1.1 | 1.1 | 1.4 | 1.4 |
| Q for Side B | 2.8 | 2.8 | 2.2 | 2.8 | 2.2 | 2.8 | 2.2 | 2.2 |

## A Wavelength Away

Sound waves can propagate in steel, wood, air, or any other common media. Characteristically, sound waves travel in each media at a different speed. The speed of sound in air at 70° F. is 1128 feet per second. The wavelength of a second wave is the distance the wave travels during one cycle. Thus,

$$\lambda = \frac{1128}{F} \qquad (29)$$

where $\lambda$ = wavelength in feet
$F$ = frequency, Hz

Each frequency has a different wavelength associated with it for a fixed sonic speed.

SIM 24

Compute the wavelength in air at 70° F. for each octave band center frequency.

ANSWER

At 63 Hz, from Equation 29:

$$\lambda = 1128/63$$
$$\lambda = 17.9 \text{ feet}$$

Calculating:

| | Octave Band Center Frequency, Hz | | | | | | | |
|---|---|---|---|---|---|---|---|---|
| | 63 | 125 | 250 | 500 | 1000 | 2000 | 4000 | 8000 |
| $\lambda$, feet | 17.9 | 9 | 4.5 | 2.2 | 1.1 | .56 | .28 | .14 |

As indicated above, low frequency noise has a relatively long wavelength, while high frequency noise has a relatively short wavelength. In general, low frequency sound, with the associated long wavelength, is more difficult to attenuate than high frequency sound. A barrier, such as a wall in front of a noise source, will attenuate sound of high frequencies, but will not be as effective on lower frequencies.

Near and Far

At distances very near a noise source, sound propagation is non-linear, and difficult to predict. Within this non-linear region, designated the near field, the sound pressure level may be either greater or less than that predicted by the inverse square law, as shown in Figure 24. Beyond the near field, or in the far field, sound pressure levels attenuate in accordance with the inverse square law, or with 6 dB attenuation for each doubling of distance.

As long as the sound field is measured at a minimum distance of two machine dimensions and at least one wavelength, measurements may be assumed to be outside the region of the near field. (Sometimes measurements are made at several times the dimension of the equipment to insure that the measurement is in the far field.)

The significance of Figure 24 is that sound pressure levels measured in the near field are not easily predicted. Sound pressure levels in the near field can fall anywhere in the shaded area. If a manufacturer specifies sound pressure levels in the near field, we cannot use this data to predict the source sound power levels or sound pressure levels at other distances. On the other hand, sound pressure levels specified outside the near field can be used to predict the sound power level of the source, or any other sound pressure level outside the near field region, as long as free field conditions exist.

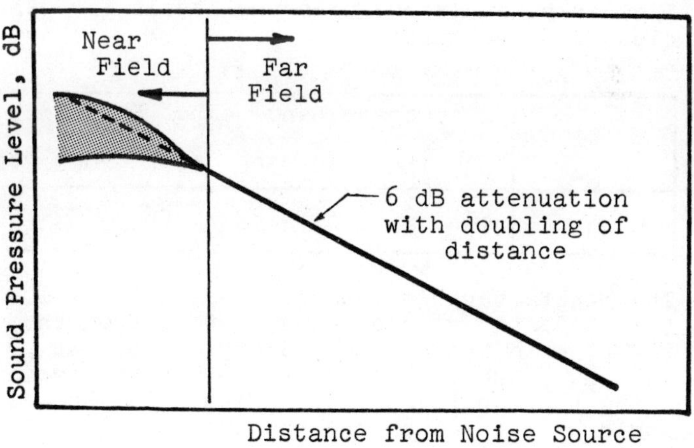


FIGURE 24. FREE FIELD SOUND PRESSURE LEVELS.

SIM 25

In addition to the information given for the cooling tower of SIM 23, the manufacturer specified the sound pressure levels at 5 feet from Side B as follows:

| | Octave Band Center Frequency, Hz | | | | | | | |
|---|---|---|---|---|---|---|---|---|
| | 63 | 125 | 250 | 500 | 1000 | 2000 | 4000 | 8000 |
| Lp | 78 | 77 | 74 | 76 | 74 | 69 | 64 | 59 |

Using the manufacturer's data of SIM 23, how do these values compare with predicted sound pressure levels if near field effects are not recognized?

ANSWER

The sound pressure levels for Side B are given in SIM 23 at 50 feet. Using Equation 4:

$$L_p\ (x) = L_p\ (y) - 20 \log (x/y)$$

$$L_p\ (5') = L_p\ (50') - 20 \log (5/50)$$

At 63 Hz:

$$L_p\ (5') = 67 + 20 = 87 \text{ dB}$$

Similarly, the sound pressure levels for other frequencies at 5 feet are:

| | Octave Band Center Frequency, Hz | | | | | | | |
|---|---|---|---|---|---|---|---|---|
| | 63 | 125 | 250 | 500 | 1000 | 2000 | 4000 | 8000 |
| Lp | 87 | 86 | 81 | 83 | 76 | 73 | 68 | 62 |

The manufacturer's data is substantially lower than the predicted values; thus, 5 feet from the cooling tower is in the near field region. If we predicted the sound pressure at 50 feet from the cooling tower using the manufacturer's 5 feet data, the estimate would be lower than the true value.

## Atmospheric Conditions

Atmospheric conditions usually cause the measured sound pressure levels to be less than the value predicted by the general equation utilized for free field propagation. There are several complicated methods to account for molecular absorption. In lieu of extensive computations, approximate attenuation values of air absorption, as shown in Figure 25, are sufficient for most cases.

Figure 25 illustrates the correction factor due to air absorption from each octave band sound pressure level. For distances below 500 feet, corrections usually are not significant. Other factors which affect sound propagation, such as temperature and pressure, are usually not appreciable for normal climates and weather conditions.

SIM 26

Calculate the sound pressure level at 1500 feet from Side B of the cooling tower from SIM 23.

ANSWER

Based on the inverse square law (SIM 4 and Equation 4), at 1500 feet the sound pressure level distance attenuation will be:

$20 \log \left(\frac{1500}{50}\right)$, or 30 dB less than the 50 feet sound pressure level.

The air absorption attenuation values are found from Figure 25.

| | Octave Band Center Frequency, Hz | | | | | | | |
|---|---|---|---|---|---|---|---|---|
| | 63 | 125 | 250 | 500 | 1000 | 2000 | 4000 | 8000 |
| Lp, 50 feet | 67 | 66 | 61 | 63 | 56 | 53 | 48 | 42 |
| Distance Attenuation, dB | -30 | -30 | -30 | -30 | -30 | -30 | -30 | -30 |
| Air Absorption Attenuation, dB | - 1 | - 1 | - 1 | - 2 | - 3 | - 4 | - 9 | -16 |
| Lp, 1500 feet | 36 | 35 | 30 | 31 | 23 | 19 | 9 | 0 |

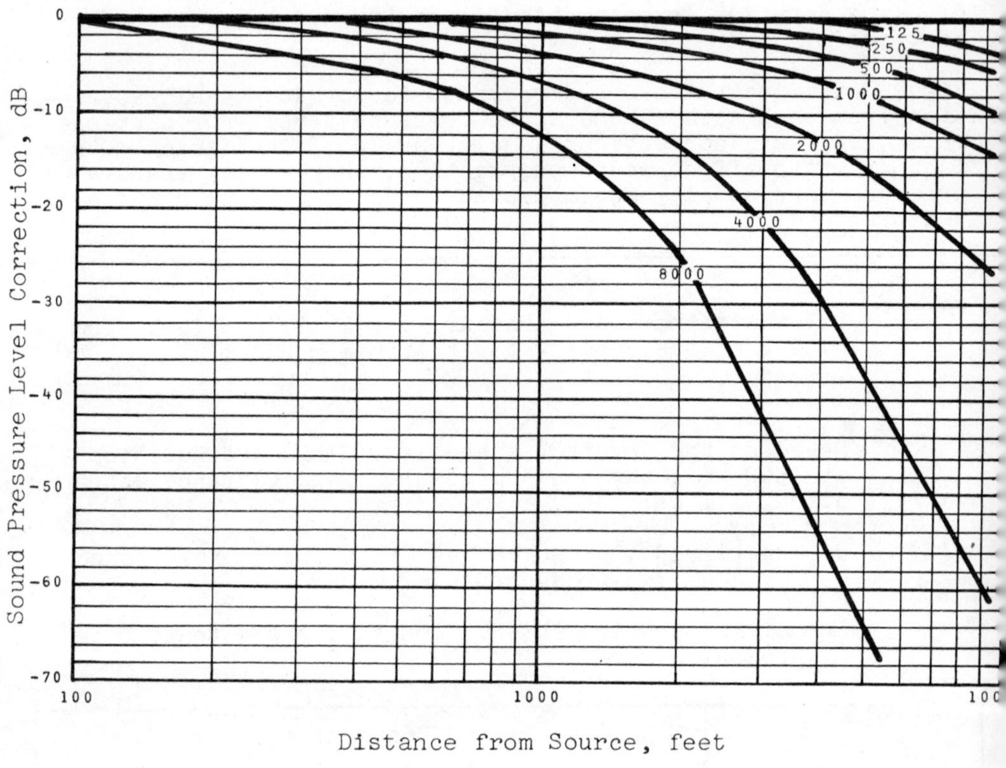


FIGURE 25. APPROXIMATE CORRECTION FOR AIR ATTENUATION.

## Directivity Due to a Stack or Opening

When sound is emitted through an opening such as an exhaust stack, it may not radiate uniformly in all directions. If the wavelength of sound is shorter than the greatest dimension of the opening, the noise source will tend to emit most of its power in the direction of the stack opening. High frequencies tend to be more directional in nature, due to their short wavelengths. Obviously, the size of the opening affects the directivity. Another factor affecting the directivity becomes evident at large distances from the source. In some instances atmospheric refraction due to temperature and wind gradients will greatly increase the intensity of sound received. Table XXXVII illustrates the effect of directivity on typical stack openings[14].

TABLE XXXVII

DIRECTIVITY OF A VERTICAL STACK[14]

(Correction factors to be applied to a non-directional source of the same power. Above a mile, use half the values given.)

| 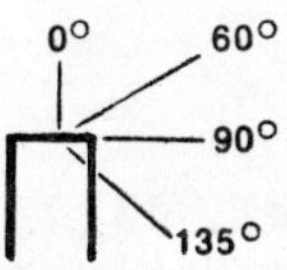 | | Octave Band Center Frequency, Hz | | | | | | | |
|---|---|---|---|---|---|---|---|---|---|
| | | 63 | 125 | 250 | 500 | 1000 | 2000 | 4000 | 8000 |
| Under 3' x 3' | 0° to 60° | 0 | 0 | 0 | 0 | 0 | 0 | 0 | 0 |
| | 90° | 0 | 0 | 0 | -1 | -1 | -2 | -2 | -2 |
| | 135° | 0 | 0 | 0 | -2 | -2 | -4 | -4 | -4 |
| 3' x 3' to 10' x 10' | 0° | 4 | 4 | 4 | 5 | 5 | 6 | 6 | 6 |
| | 45° | 2 | 2 | 2 | 3 | 3 | 4 | 4 | 4 |
| | 60° | 0 | 0 | 0 | -1 | -1 | -2 | -2 | -2 |
| | 90° | -2 | -2 | -2 | -4 | -4 | -8 | -8 | -8 |
| | 135° | -3 | -3 | -3 | -7 | -7 | -12 | -12 | -12 |
| Over 10' x 10' | 0° | 8 | 8 | 8 | 9 | 9 | 10 | 10 | 10 |
| | 45° | 5 | 5 | 5 | 6 | 6 | 7 | 7 | 7 |
| | 60° | 2 | 2 | 2 | 1 | 1 | -1 | -1 | -1 |
| | 90° | -3 | -3 | -3 | -9 | -9 | -14 | -14 | -14 |
| | 135° | -4 | -4 | -4 | -11 | -11 | -18 | -18 | -18 |

## Indoor Sound Propagation to Outdoors

Indoor noise can radiate to outdoor areas by transmission through walls or openings. Sound radiating through a wall is attenuated by the transmission loss of the barrier.

## Transmission Loss of Materials

The measure of the ability of a material to retard the passage of sound is the sound transmission loss. The transmission loss varies with frequency for any material. The computation of the transmission loss of a material is important to know when analyzing noise transmitted between noise barriers. By definition the transmission loss (TL) in decibels is given by the formula:

$$TL = 10 \log \frac{1}{T} \tag{30}$$

where T = transmission coefficient (the fraction of incident energy that is transmitted through the barrier)

An alternate definition of the sound transmission loss is the ratio in decibels of the airborne sound power incident on the partition to the sound power transmitted by the partition and radiated on the other side, or:

$$TL = L_W(1) - L_W(2) \tag{31}$$

where $L_W(1)$ = incident sound power level, dB
$L_W(2)$ = transmitted sound power level, dB

The sound transmission class, STC, is the preferred single figure rating system designed to give a preliminary estimate of the sound insulation properties of a partition or a preliminary rank ordering of a series of partitions. It is intended for use primarily when speech and office noise constitute the principal noise problem.

When available, actual test data for the sound transmission loss of a material should be used for noise calculations. This data, usually presented as 1/3 octave band transmission loss values, may be converted into octave band TL values, using Figure 26. This conversion assumes equal sound pressure levels in each of the 1/3 octave bands on the source side of the barrier.

SIM 27

The 1/3 octave band transmission loss values for one inch thick glass are 33, 36, and 40 for the 800, 1000, and 1250 Hz bands, respectively. Compute the 1000 Hz octave band transmission loss.

ANSWER

Highest value - Lowest value = 40 - 33 = 7
Highest value - Middle value = 40 - 36 = 4

First, project upward from the value 7 on the horizontal axis of Figure 26 to the line with the value 4. From the vertical axis, the value 2.4 is read. The value is added to the lowest TL value, or:

TL = 33 + 2.4 = 35.4 dB

for the 1000 Hz octave band.

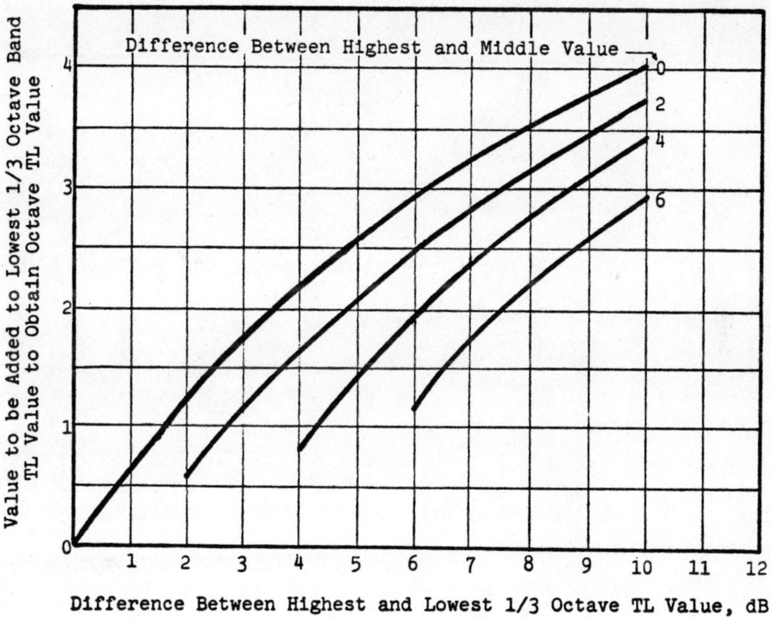


FIGURE 26. ONE THIRD OCTAVE BAND TO OCTAVE BAND SOUND TRANSMISSION LOSS CONVERSION.

The material properties which affect the transmission loss are the mass, damping, and internal stiffness. The influence of these factors on the TL, as a function of frequency, is shown in Figure 27.

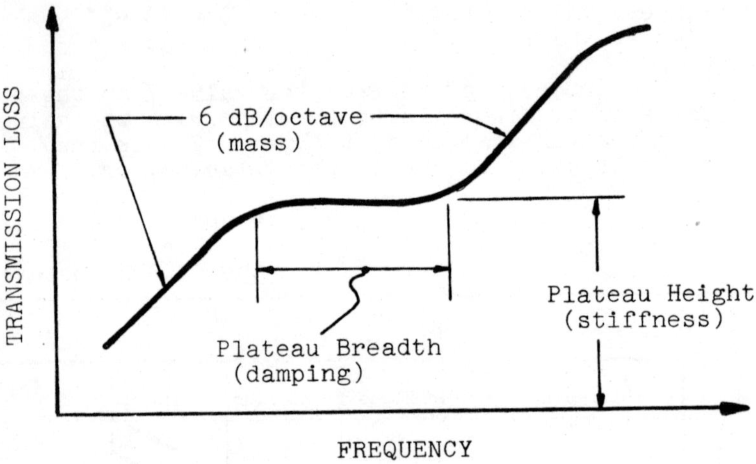


FIGURE 27. GENERALIZED SOUND TRANSMISSION LOSS CURVE.

The transmission loss of a material may be estimated[15, 16] using the generalized model of Figure 27, as follows:

1. The TL for frequencies below the plateau is computed from:

$$TL = 20 \log (W) + K \tag{32}$$

where W = Surface weight of material in pounds per square foot
K = Frequency dependent constant from Table XXXVIII (= 20 log(f) - 33)

TABLE XXXVIII

CONSTANT FOR EQUATION 32

| | Octave Band Center Frequency, Hz | | | | | | | |
|---|---|---|---|---|---|---|---|---|
| | 63 | 125 | 250 | 500 | 1000 | 2000 | 4000 | 8000 |
| K, dB | 3 | 9 | 15 | 21 | 27 | 33 | 39 | 45 |

2. When the calculated TL value, using Equation 32, reaches the value of the plateau height, the TL will equal the plateau height value for the next three octave bands. The plateau height for various materials may be found in Table XXXIX.

3. Above the plateau, the TL will increase by the rate of 6 dB per octave.

TABLE XXXIX

SURFACE DENSITY AND PLATEAU HEIGHT VALUES
FOR VARIOUS MATERIALS

| Type | Surface Density ($lbs/ft^2$ per inch) | Plateau Height (dB) |
|---|---|---|
| Aluminum | 14 | 29 |
| Brick | 11 | 37 |
| Concrete | 12 | 38 |
| Fir Plywood | 3 | 19 |
| Glass | 13 | 27 |
| Lead | 59 | 56 |
| Sand Plaster | 9 | 30 |
| Steel | 40 | 40 |
| Masonry Block | | |
| Cinder* | 32** | 33 |
| Slag* | 33** | 32 |
| Dense* | 41** | 32 |

* 3& 5/8" solid or 7& 5/8" hollow
** surface weight ($lbs/ft^2$)

SIM 28

Estimate the transmission loss for:

a) 1/4" glass
b) 1/4" aluminum
c) 1/16" sheet lead
d) 7& 5/8" hollow concrete (cinder) block

ANSWER

First, the plateau height and surface weight are found from Table XXXIX, and the value 20 log(W) is computed:

| | Plateau Height (dB) | W ($lb/ft^2$) | 20 log(W) |
|---|---|---|---|
| 1/4" glass | 27 | 13/4 | 10 |
| 1/4" aluminum | 29 | 14/4 | 11 |
| 1/16" lead | 56 | 59/16 | 12 |
| 7& 5/8" cinder block | 33 | 32 | 30 |

Using Equation 32, the transmission loss is calculated for each frequency until the TL value reaches the plateau height value. The plateau height value is then designated as the value for the next three octave bands. After the plateau frequency region is computed, the TL value for each octave is increased by 6 dB over the previous octave band value. Thus,

| | Octave Band Center Frequency, Hz | | | | | | | |
|---|---|---|---|---|---|---|---|---|
| TL | 63 | 125 | 250 | 500 | 1000 | 2000 | 4000 | 8000 |
| 1/4" glass | 13 | 19 | 25 | 27 | 27 | 27 | 27 | 33 |
| 1/4" aluminum | 14 | 20 | 26 | 29 | 29 | 29 | 29 | 35 |
| 1/16" lead | 15 | 21 | 27 | 33 | 39 | 45 | 51 | 56 |
| 7& 5/8" hollow cinder block | 33 | 33 | 33 | 33 | 39 | 45 | 51 | 57 |

## Composite Wall

If two walls are separated by an air space, the overall TL is approximately the sum of the TL for each wall if the space between them is over 12". If the distance is under 12", the TL is equal to the TL of a single wall equal in weight to both walls plus the improvement due to air space, as shown in Table XXXX. Table XXXXI illustrates the effect of a small air space for a 1/4" double glass window.

TABLE XXXX

INCREASE IN TL FROM DOUBLE WALL CONSTRUCTION

| | Octave Band Center Frequency, Hz | | | | | | |
|---|---|---|---|---|---|---|---|
| | 63 | 125 | 250 | 500 | 1000 | 2000 | 4000 |
| 1.5" Air Space | 0 | 0 | 1 | 2 | 5 | 8 | 12 |
| 3" Air Space | 0 | 1 | 3 | 6 | 10 | 14 | 16 |
| 6" Air Space | 2 | 4 | 8 | 11 | 15 | 17 | 19 |

TABLE XXXXI

SOUND TRANSMISSION LOSS FOR 1/4" DOUBLE GLASS WITH 1/2" AIR SEPARATION

| | Octave Band Center Frequency, Hz | | | | | | | |
|---|---|---|---|---|---|---|---|---|
| | 63 | 125 | 250 | 500 | 1000 | 2000 | 4000 | 8000 |
| TL | 20 | 24 | 25 | 27 | 32 | 34 | 38 | 41 |

SIM 29

Estimate the TL for a 1/4" double glass window construction with a 3" air space between each wall. Compare these values to a 1/4" double glass window with a 1/2" air space and to a 1/4" single glass window alone.

ANSWER

The transmission loss of the 1/4" glass separated by 3 inches is equal to the TL of 1/2" glass (calculated using the method demonstrated in SIM 28) plus the improvement factors of Table XXXX for a 1.5" air space. Thus,

| | Octave Band Center Frequency, Hz | | | | | | |
|---|---|---|---|---|---|---|---|
| | 63 | 125 | 250 | 500 | 1000 | 2000 | 4000 |
| TL, 1/2" Glass | 19 | 25 | 27 | 27 | 27 | 27 | 33 |
| 3" Air Space | 0 | 1 | 3 | 6 | 10 | 14 | 16 |
| TL, 1/4" x 3" x 1/4" | 19 | 26 | 30 | 33 | 37 | 41 | 49 |

Comparison of the TL values between 1/4" glass with a 1/2" air space and a single 1/4" glass indicates no improvement in the 250 and 500 Hz frequency ranges. Significant improvement is achieved with 3" spacing.

| | Octave Band Center Frequency, Hz | | | | | | |
|---|---|---|---|---|---|---|---|
| TL | 63 | 125 | 250 | 500 | 1000 | 2000 | 4000 |
| 1/4" x 3" x 1/4" | 19 | 26 | 30 | 33 | 37 | 41 | 59 |
| 1/4" x 1/2" x 1/4" | 20 | 24 | 25 | 27 | 32 | 34 | 38 |
| 1/4" | 13 | 19 | 25 | 27 | 27 | 27 | 27 |

Noise Reduction Due to a Wall

The noise reduction due to a wall is defined as the difference in sound pressure level measured on each side of the wall, or:

$$NR = L_p(1) - L_p(2) \tag{33}$$

Where free field conditions exist on both sides of a wall (or there are no enclosed spaces for reverberant sound build-up on both the sound source and receiver sides of a wall), the noise reduction is simply the transmission loss of the wall, or:

$$NR = TL \tag{34}$$

In applying this equation, the noise reduction value applies only to the far field on the receiver side of the wall, or for a distance away from the wall greater than its largest dimension.

Where a reverberant sound field exists within a room, the noise reduction due to a wall is given by:

$$NR = TL - 10 \log \left(\frac{1}{4} + \frac{S}{R}\right) \tag{35}$$

where NR = noise reduction, dB
TL = transmission loss, dB
S = surface area of the wall, square feet
R = room constant of the receiving room

This general equation will be discussed in greater detail in Chapter 6, where the room constant, R, will be defined.

In the case of noise transmitted to the outside, the above equation reduces to:

$$NR = TL + 6 \quad (36)$$

The conservative approach for calculating the effect of inside noise on the outdoor environment is to consider each building wall as a radiator of noise. To account for the surface area of a building wall, the following approximate relationship may be applied:

$$L_p(r) = L_p(\text{inside}) + 10 \log(S) - 20 \log(r) - TL - 17 \quad (37)$$

where $L_p(r)$ = sound pressure level at distance r
S = area in square feet of building wall
r = distance in feet from the geometric center of the source
$L_p(\text{inside})$ = sound pressure level measured inside near the building wall

SIM 30

The sound pressure level inside a building was found to be:

| | Octave Band Center Frequency, Hz | | | | | | | |
|---|---|---|---|---|---|---|---|---|
| | 63 | 125 | 250 | 500 | 1000 | 2000 | 4000 | 8000 |
| $L_p$ | 96 | 92 | 88 | 85 | 85 | 85 | 85 | 85 |

The measurements were made near an outside wall which faces a residence. The wall is constructed of 7& 5/8" cinder blocks. Compute the expected sound pressure at a distance of 1500 feet. The wall surface is 10,000 square feet. Exclude the effects of air absorption.

ANSWER

The sound transmission loss of the concrete is found from SIM 28. Applying Equation 37:

| | Octave Band Center Frequency, Hz | | | | | | | |
|---|---|---|---|---|---|---|---|---|
| | 63 | 125 | 250 | 500 | 1000 | 2000 | 4000 | 8000 |
| 1) TL of Block | 33 | 33 | 33 | 33 | 39 | 45 | 51 | 57 |
| 2) 10 log(S) | 40 | 40 | 40 | 40 | 40 | 40 | 40 | 40 |
| 3) 20 log(r) | 63 | 63 | 63 | 63 | 63 | 63 | 63 | 63 |
| 4) $L_p$ - 17 | 79 | 75 | 71 | 68 | 68 | 68 | 68 | 68 |
| $L_p$ (Lines 4 + 2) - (Lines 1 + 3) | 23 | 19 | 15 | 12 | 6 | 0 | 0 | 0 |

Effect of Wall Openings

The acoustical effectiveness of any wall or barrier is seriously reduced when openings are present. The effect of an opening is to limit the TL of a wall to a maximum value which is dependent upon the percentage of open area.

$$\text{TL (maximum)} = 10 \log (1/\text{OA}) \tag{38}$$

where OA = Ratio of open area to total area

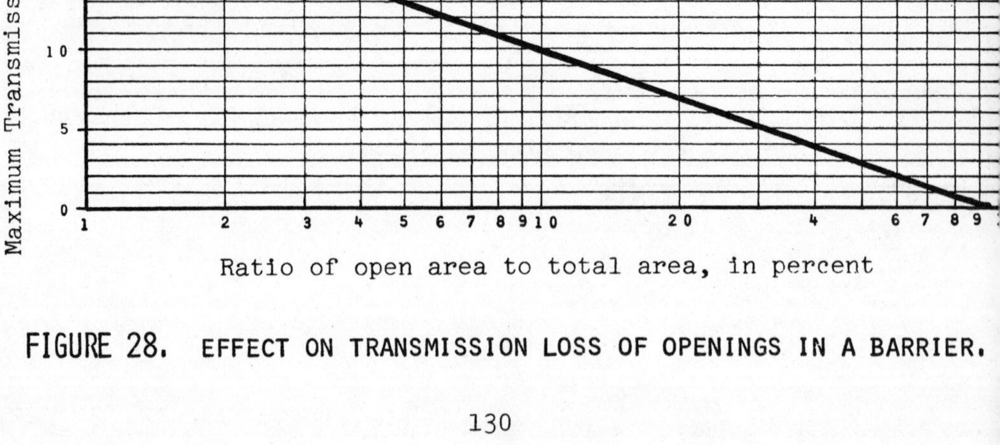


FIGURE 28. EFFECT ON TRANSMISSION LOSS OF OPENINGS IN A BARRIER.

It should be pointed out that small openings are somewhat more effective in isolating low frequency sound than predicted by Equation 38. Thus, Equation 38 will give conservative results for low frequency sound.

SIM 31

A 7& 5/8" hollow cinder block wall of an area of 10,000 square feet has five openings, each 25' x 4'. Compute the effective TL, and compare with the same wall if the holes did not exist.

ANSWER

The ratio of open area to total area is:

$$\text{Area Ratio} = \frac{5 \times 25 \times 4}{10{,}000} = 0.05$$

The maximum TL is computed from Equation 38.

$$\text{TL (maximum)} = 10 \log (1/.05)$$

$$= 13 \text{ dB}$$

The TL of concrete block was calculated in SIM 28, and those results can be compared with the above value.

| | Octave Band Center Frequency, Hz | | | | | | | |
|---|---|---|---|---|---|---|---|---|
| | 63 | 125 | 250 | 500 | 1000 | 2000 | 4000 | 8000 |
| TL, with openings | 13 | 13 | 13 | 13 | 13 | 13 | 13 | 13 |
| TL, no openings | 33 | 33 | 33 | 33 | 39 | 45 | 51 | 57 |

Transformer Sound Outdoors

To compute the sound pressure level at any distance from a transformer the following equation may be applied, using the NEMA sound level:

$$L_p = L_W + 10 \log \left(\frac{A}{4\pi r^2}\right) \tag{39}$$

where $L_W$ = average NEMA sound level of the transformer
A = area in square feet of the transformer
r = distance in feet from the geometric center of the transformer

We see that when

$$4\pi r^2 = A \tag{40}$$

the transformer may be considered as a sphere of radius r, and $L_p = L_W$.

JOB 5A

Compute the sound pressure level at the nearest residential property line based on the equipment of Figure 2 and the following data:

- Sound radiating area of process building: 19,500 square feet (excluding holes)

- Intake louvers, holes for H&V fans, etc.: 500 square feet

- TL of process building walls:

| | Octave Band Center Frequency, Hz | | | | | | | |
|---|---|---|---|---|---|---|---|---|
| | 63 | 125 | 250 | 500 | 1000 | 2000 | 4000 | 8000 |
| TL | 33 | 33 | 33 | 33 | 39 | 46 | 53 | 59 |

Sound pressure level inside process building:

| | Octave Band Center Frequency, Hz | | | | | | | |
|---|---|---|---|---|---|---|---|---|
| | 63 | 125 | 250 | 500 | 1000 | 2000 | 4000 | 8000 |
| $L_p$ | 59 | 65 | 71 | 76 | 76 | 71 | 73 | 69 |

- Sound radiating area of substation: 100 square feet

- Distances from noise sources to residential property line (feet):

| | |
|---|---|
| Administration Building | 250 |
| Process Building | 250 |
| Boiler House | 500 |
| Water & Waste Treatment | 500 |
| Warehouse | 450 |
| Substation, Cooling Tower, & Pumps | 500 |

- $L_p$ at 50 feet from cooling tower side facing residential property:

| | Octave Band Center Frequency, Hz | | | | | | | |
|---|---|---|---|---|---|---|---|---|
| | 63 | 125 | 250 | 500 | 1000 | 2000 | 4000 | 8000 |
| $L_p$ | 67 | 66 | 61 | 63 | 56 | 53 | 48 | 42 |

Assume Q = 1 for the cooling tower, and exclude the effect of fan motors since motor horsepower is relatively low.

ANALYSIS

From Job 4, the total sound power level of each fan was calculated. Even though the casing radiates noise, its effect will be negligible due to the large transmission loss of the casing. For simplicity the problem was stated to neglect the contribution of each fan motor. In a detailed analysis the fan motor should be included. If we subtract 3 dB from the total power level calculated, we will get the outlet power which is radiated to the community.

For convenience we will summarize this data as follows:

| | Octave Band Center Frequency, Hz | | | | | | | |
|---|---|---|---|---|---|---|---|---|
| | 63 | 125 | 250 | 500 | 1000 | 2000 | 4000 | 8000 |
| H&V #1 | 88 | 91 | 87 | 85 | 84 | 79 | 71 | 63 |
| H&V #2 | 93 | 90 | 89 | 87 | 86 | 81 | 73 | 65 |
| H&V #3 | 95 | 85 | 86 | 84 | 82 | 82 | 80 | 68 |
| H&V #4, 5, & 6 | 99 | 89 | 90 | 88 | 86 | 86 | 84 | 72 |
| H&V #7 & 8 | 86 | 90 | 84 | 82 | 80 | 80 | 78 | 66 |
| H&V #9 - 18 | 90 | 95 | 89 | 90 | 88 | 85 | 83 | 73 |
| H&V #19 - 26 | 90 | 95 | 89 | 90 | 88 | 85 | 83 | 73 |

Heating and Ventilation Fan Contribution

From Equation 5, the required attenuation is:

$$L_W = L_p + 20 \log r + .5$$

Assume Q = 1

The attenuation due to distance and molecular absorption is computed as follows:

| Distance | Octave Band Center Frequency, Hz | | | | | | | |
|---|---|---|---|---|---|---|---|---|
| | 63 | 125 | 250 | 500 | 1000 | 2000 | 4000 | 8000 |
| 250' | 48 | 48 | 48 | 48 | 48 | 49 | 50 | 51 |
| 450' | 53 | 53 | 53 | 53 | 53 | 54 | 55 | 59 |
| 500' | 54 | 54 | 54 | 54 | 54 | 55 | 57 | 60 |

By subtracting the above attenuation from the fan data, the resulting sound pressure level at the property for each fan is as follows:

| | Octave Band Center Frequency, Hz | | | | | | | |
|---|---|---|---|---|---|---|---|---|
| | 63 | 125 | 250 | 500 | 1000 | 2000 | 4000 | 8000 |
| Lp Fan 1 | 34 | 37 | 33 | 31 | 30 | 24 | 14 | 3 |
| Lp Fan 2 | 39 | 36 | 35 | 33 | 32 | 26 | 16 | 5 |
| Lp Fan 3 | 41 | 31 | 32 | 30 | 28 | 27 | 23 | 8 |
| Lp Fans 4 & 5 | 45 | 35 | 36 | 34 | 32 | 31 | 27 | 12 |
| Lp Fan 6 | 51 | 41 | 42 | 40 | 38 | 37 | 34 | 21 |
| Lp Fans 7 & 8 | 38 | 42 | 36 | 34 | 32 | 31 | 28 | 15 |
| Lp Fans 9 - 20 | 42 | 47 | 41 | 42 | 40 | 36 | 33 | 22 |
| Lp Fans 21 - 24 | 37 | 42 | 36 | 37 | 35 | 31 | 28 | 14 |
| Lp Fans 25 & 26 | 36 | 41 | 35 | 36 | 34 | 30 | 26 | 13 |

We now proceed to combine each octave. Note that for fans 9 - 20 the resulting level will be 10 log (12) more than the individual value. Thus:

| | Octave Band Center Frequency, Hz | | | | | | | |
|---|---|---|---|---|---|---|---|---|
| | 63 | 125 | 250 | 500 | 1000 | 2000 | 4000 | 8000 |
| Lp | 56 | 58 | 53 | 53 | 51 | 48 | 45 | 33 |

<u>Contribution from Forced Draft Fan</u>

From Job 4:

| | Octave Band Center Frequency, Hz | | | | | | | |
|---|---|---|---|---|---|---|---|---|
| | 63 | 125 | 250 | 500 | 1000 | 2000 | 4000 | 8000 |
| $L_W$ | 79 | 79 | 78 | 79 | 75 | 70 | 62 | 54 |
| Attenuation | 54 | 54 | 54 | 54 | 54 | 55 | 57 | 60 |
| $L_p$ at Property | 25 | 25 | 24 | 25 | 21 | 15 | 5 | 0 |

Contribution from Cooling Tower

| | Octave Band Center Frequency, Hz | | | | | | | |
|---|---|---|---|---|---|---|---|---|
| | 63 | 125 | 250 | 500 | 1000 | 2000 | 4000 | 8000 |
| $L_p$ | 67 | 66 | 61 | 63 | 56 | 53 | 48 | 42 |
| 20 log (500/50) | 20 | 20 | 20 | 20 | 20 | 20 | 20 | 20 |
| Molecular Absorption | 0 | 0 | 0 | 0 | 0 | 1 | 3 | 6 |
| $L_p$ at Property | 47 | 46 | 41 | 43 | 36 | 32 | 25 | 16 |

Contribution from Cooling Water & Well Pumps & Motors

Using data for Job 4 and the attenuations at 500':

| | Octave Band Center Frequency, Hz | | | | | | | |
|---|---|---|---|---|---|---|---|---|
| | 63 | 125 | 250 | 500 | 1000 | 2000 | 4000 | 8000 |
| $L_p$ of Each Motor | 34 | 38 | 42 | 46 | 46 | 41 | 35 | 28 |
| $L_p$ of Each Pump | 30 | 33 | 37 | 37 | 33 | 29 | 24 | 16 |
| $L_p$ at Property Line from Pumps and Motors | 38 | 42 | 46 | 49 | 49 | 44 | 38 | 31 |

Contribution from Transformer

$$L_p = L_{W_O} + 10 \log\left[\frac{A_T}{4\pi r^2}\right]$$

$$= L_{W_O} + 10 \log 100 - 10 \log 4\pi - 20 \log r$$

$$= L_{W_O} + 20 - 11 - 54$$

$$= L_{W_O} - 45$$

Adding effect of molecular absorption, the sound pressure from the transformer becomes:

| | Octave Band Center Frequency, Hz | | | | | | | |
|---|---|---|---|---|---|---|---|---|
| | 63 | 125 | 250 | 500 | 1000 | 2000 | 4000 | 8000 |
| $L_p$ at Property Line | 35 | 39 | 33 | 29 | 29 | 22 | 15 | 6 |

Contribution from Inside Noise of Process Building

TL of process building wall:

| | Octave Band Center Frequency, Hz | | | | | | | |
|---|---|---|---|---|---|---|---|---|
| | 63 | 125 | 250 | 500 | 1000 | 2000 | 4000 | 8000 |
| TL | 33 | 33 | 33 | 33 | 39 | 46 | 53 | 59 |

But the effect of openings is to reduce the TL to:

$$TL(max) = 10 \log (1/OA)$$

Ratio of Open Area to Total Area = $\frac{500}{20000}$

$$TL = 10 \log (40)$$

$$TL = 16$$

The sound pressure levels are next calculated for 250 feet:

$L_p$ at 250' = $L_{pi}$ + 10 log (20,000) - 20 log (250) - 16 - 17 - Molecular Absorption

= $L_{pi}$ + (43 - 48 - 33) - Molecular Absorption

= $L_{pi}$ - 38 - Molecular Absorption

Thus:

| | Octave Band Center Frequency, Hz | | | | | | | |
|---|---|---|---|---|---|---|---|---|
| | 63 | 125 | 250 | 500 | 1000 | 2000 | 4000 | 8000 |
| $L_{pi}$ | 59 | 65 | 71 | 76 | 76 | 71 | 73 | 69 |
| Attenuation | -38 | -38 | -38 | -38 | -38 | -38 | -38 | -38 |
| Molecular Absorption at 250' | 0 | 0 | 0 | 0 | 0 | -1 | -2 | -3 |
| $L_p$ at 50' | 21 | 27 | 33 | 38 | 38 | 32 | 33 | 28 |

Contribution of Vents at Property Line

Vents #1 and 2 (boiler house vents) are 500' away from the property line.

Vents #3 and 4 (process vents) are 250' away from the property line.

Attenuation at 500' = $20 \log \frac{500}{10}$ + Molecular Absorption.

Attenuation at 250' = $20 \log \frac{250}{10}$ + Molecular Absorption.

Table XXXVI is used to convert the vent overall sound pressures to octave bands. Thus:

| | Octave Band Center Frequency, Hz | | | | | | | |
|---|---|---|---|---|---|---|---|---|
| | 63 | 125 | 250 | 500 | 1000 | 2000 | 4000 | 8000 |
| 500' | 34 | 34 | 34 | 34 | 34 | 35 | 37 | 40 |
| 250' | 28 | 28 | 28 | 28 | 28 | 29 | 30 | 31 |
| $L_p$ Vent #1 | 110 | 116 | 121 | 124 | 126 | 124 | 121 | 114 |
| $L_p$ Vent #1 (500') | 76 | 82 | 87 | 90 | 92 | 89 | 84 | 74 |
| $L_p$ Vent #2 | 114 | 119 | 122 | 124 | 122 | 119 | 112 | 104 |
| $L_p$ Vent #2 (500') | 80 | 85 | 88 | 90 | 88 | 84 | 75 | 64 |
| $L_p$ Vent #3 | 104 | 110 | 115 | 118 | 120 | 118 | 115 | 108 |
| $L_p$ Vent #3 (250') | 76 | 82 | 87 | 90 | 92 | 89 | 85 | 77 |
| $L_p$ Vent #4 (250') | 76 | 82 | 87 | 90 | 92 | 89 | 85 | 77 |

Summary

The resulting sound pressure level from all sources:

| | Octave Band Center Frequency, Hz | | | | | | | |
|---|---|---|---|---|---|---|---|---|
| | 63 | 125 | 250 | 500 | 1000 | 2000 | 4000 | 8000 |
| H&V Fans | 56 | 58 | 53 | 53 | 51 | 48 | 45 | 33 |
| Forced Draft Fan | 25 | 25 | 24 | 25 | 21 | 15 | 5 | 0 |
| Total Sound Pressure for All Fans (Above) | 56 | 58 | 53 | 53 | 51 | 48 | 45 | 33 |
| Cooling Tower | 47 | 46 | 41 | 43 | 36 | 32 | 25 | 16 |
| Outdoor Pumps and Motors | 38 | 42 | 46 | 49 | 49 | 44 | 38 | 31 |
| Outdoor Transformer | 35 | 39 | 33 | 29 | 29 | 22 | 15 | 6 |
| Indoor Sound Through Building | 21 | 27 | 33 | 38 | 38 | 32 | 33 | 28 |
| Total Sound Pressure Level (Above 5 lines) | 56 | 58 | 54 | 55 | 53 | 49 | 46 | 36 |
| Total Vent Sound Pressure Level | 84 | 89 | 94 | 96 | 97 | 95 | 89 | 81 |

JOB 5B

Plot the total vent sound pressure level at the residential property line, the total sound pressure level at the property line (excluding vents), and the maximum permitted sound pressure levels of the Community 1 Ordinance.

ANALYSIS

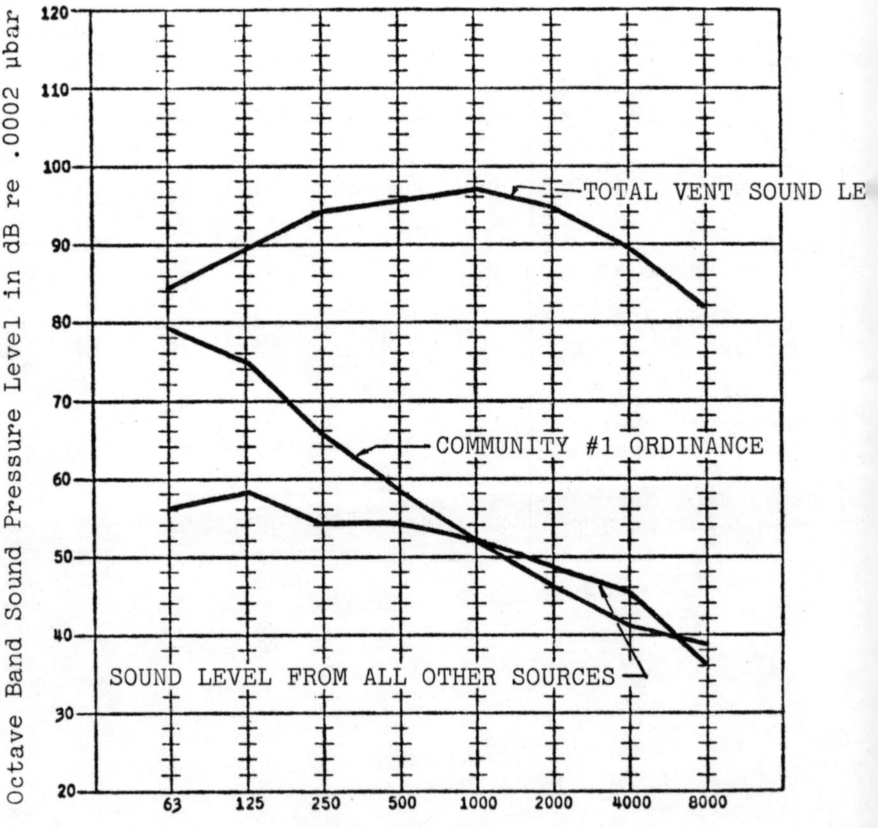


FREQUENCY, Hz

JOB 5C

The computed sound pressure level in Part A should be considered conservative, since fan directivity was not taken into account. Compute the effect of fan directivity, assuming an average effect based on a 3' x 3' to 10' x 10' vertical opening and an angle of 135°.

ANALYSIS

From Table XXXVII, the effect due to directivity is:

| | Octave Band Center Frequency, Hz | | | | | | | |
|---|---|---|---|---|---|---|---|---|
| | 63 | 125 | 250 | 500 | 1000 | 2000 | 4000 | 8000 |
| D.F. | -3 | -3 | -3 | -7 | -7 | -12 | -12 | -12 |

Thus, the resulting sound pressure from H&V fans is:

| | Octave Band Center Frequency, Hz | | | | | | | |
|---|---|---|---|---|---|---|---|---|
| | 63 | 125 | 250 | 500 | 1000 | 2000 | 4000 | 8000 |
| Lp | 53 | 55 | 50 | 46 | 44 | 36 | 33 | 21 |

Excluding process vents, the overall sound pressure at the property line is:

| | Octave Band Center Frequency, Hz | | | | | | | |
|---|---|---|---|---|---|---|---|---|
| | 63 | 125 | 250 | 500 | 1000 | 2000 | 4000 | 8000 |
| Lp | 54 | 56 | 52 | 51 | 51 | 45 | 41 | 33 |

# CHAPTER 6

# SOUND INDOORS

# CHAPTER 6 - SOUND INDOORS

## Propagation Indoors

The general equation presented in Chapter 5 for sound propagation (Equation 3) can be modified to account for the effects of interior surfaces. The measured sound pressure level indoors is given by:

$$L_p = L_W + 10 \log \left( \frac{Q}{4\pi r^2} + \frac{4}{R} \right) + 10.5, \text{ dB} \qquad (41)$$

Comparing this to Equation 3, you will notice the addition of the term 4/R. R, the room constant, will be explained later in this chapter.

## Sound Absorption

The sound absorption coefficient, $\alpha$, represents the ratio of the sound absorbed to the sound incident on any material, and varies from 0 to 1. An $\alpha$ value equal to 1 indicates that all of the incident acoustic energy is absorbed, while an $\alpha$ value equal to 0 means that all of the incident acoustic energy is reflected. Sound absorption values vary with frequency, and are dependent upon material thickness. The sound absorption coefficients for various common materials are given in Table XXXXII. The sound absorption dependency upon thickness for glass fiber is shown in Figure 29.

Where two or more sound absorptive materials are used within a room (as usually is the case), use is made of the average sound absorption coefficient, $\bar{\alpha}$.

$$\bar{\alpha} = \frac{S_1 \alpha_1 + S_2 \alpha_2 \ldots\ldots S_n \alpha_n + A_1 + A_2 \ldots\ldots A_n}{S} \qquad (42)$$

where $\alpha_1, \alpha_2 \ldots\ldots \alpha_n$ = Absorption coefficient for each type of surface at a particular frequency

$S_1, S_2 \ldots\ldots S_n$ = Area of each room surface in square feet

$A_1, A_2 \ldots\ldots A_n$ = Absorption units of occupants, furnishings, etc., Sabins

$S$ = Total surface area in square feet

TABLE XXXXII

SOUND ABSORPTION COEFFICIENTS OF GENERAL BUILDING MATERIALS AND FURNISHINGS

| Materials | Octave Band Center Frequency, Hz | | | | | |
|---|---|---|---|---|---|---|
| | 125 | 250 | 500 | 1000 | 2000 | 4000 |
| Brick, unglazed | .03 | .03 | .03 | .04 | .05 | .07 |
| Brick, unglazed, painted | .01 | .01 | .02 | .02 | .02 | .03 |
| Carpet, heavy, on concrete | .02 | .06 | .14 | .37 | .60 | .65 |
| Same, on 40 oz. hairfelt or foam rubber | .08 | .24 | .57 | .69 | .71 | .73 |
| Same, with impermeable latex backing on 40 oz. hairfelt or foam rubber | .08 | .27 | .39 | .34 | .48 | .63 |
| Concrete Block, coarse | .36 | .44 | .31 | .29 | .39 | .25 |
| Concrete Block, painted | .10 | .05 | .06 | .07 | .09 | .08 |
| Fabrics | | | | | | |
| Light velour, 10 oz. per sq. yd., hung straight, in contact with wall | .03 | .04 | .11 | .17 | .24 | .35 |
| Medium velour, 14 oz. per sq. yd., draped to half area | .07 | .31 | .49 | .75 | .70 | .60 |
| Heavy velour, 18 oz. per sq. yd., draped to half area | .14 | .35 | .55 | .72 | .70 | .65 |
| Floors | | | | | | |
| Concrete or terrazzo | .01 | .01 | .015 | .02 | .02 | .02 |
| Linoleum, asphalt, rubber, or cork tile on concrete | .02 | .03 | .03 | .03 | .03 | .02 |
| Wood | .15 | .11 | .10 | .07 | .06 | .07 |
| Wood parquet in asphalt on concrete | .04 | .04 | .07 | .06 | .06 | .07 |
| Glass | | | | | | |
| Large panes of heavy plate glass | .18 | .06 | .04 | .03 | .02 | .02 |
| Ordinary window glass | .35 | .25 | .18 | .12 | .07 | .04 |
| Gypsum Board, ½" nailed to 2x4's, 16" o.c. | .29 | .10 | .05 | .04 | .07 | .09 |
| Marble or Glazed Tile | .01 | .01 | .01 | .01 | .02 | .02 |
| Plaster, gypsum or lime, smooth finish on tile or brick | .013 | .015 | .02 | .03 | .04 | .05 |
| Plaster, gypsum or lime, rough finish on lath | .14 | .10 | .06 | .05 | .04 | .03 |
| Same, with smooth finish | .14 | .10 | .06 | .04 | .04 | .03 |
| Plywood Paneling, 3/8" thick | .28 | .22 | .17 | .09 | .10 | .11 |
| [illegible] | [illegible] | [illegible] | [illegible] | [illegible] | [illegible] | [illegible] |

FIGURE 29.

SOUND ABSORPTION COEFFICIENTS FOR VARIOUS THICKNESSES OF GLASS FIBER.

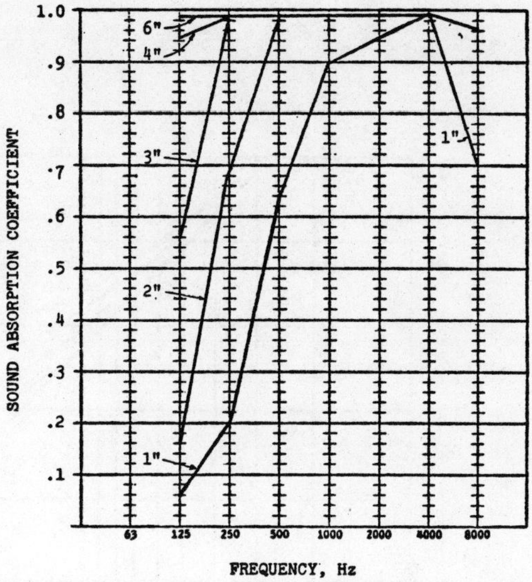


## The Room Constant, R

The room constant, R, is defined as:

$$R = \frac{S\bar{\alpha}}{1-\bar{\alpha}} \qquad (43)$$

where S = total area of the walls, ceiling, and floor in $ft^2$

$\bar{\alpha}$ = average sound absorption coefficient

For a complete room analysis, $\bar{\alpha}$ and R must be determined for each octave band.

## The Effect of R

Sound indoors is comprised of directly radiated sound plus that which is reflected from the room surfaces. Thus, the sound pressure indoors does not decrease by 6 dB for every doubling of distance when measured at distances far from the source. The series of curves in Figure 30 shows the attenuation of sound as a function of distance from the sound source for various values of R.

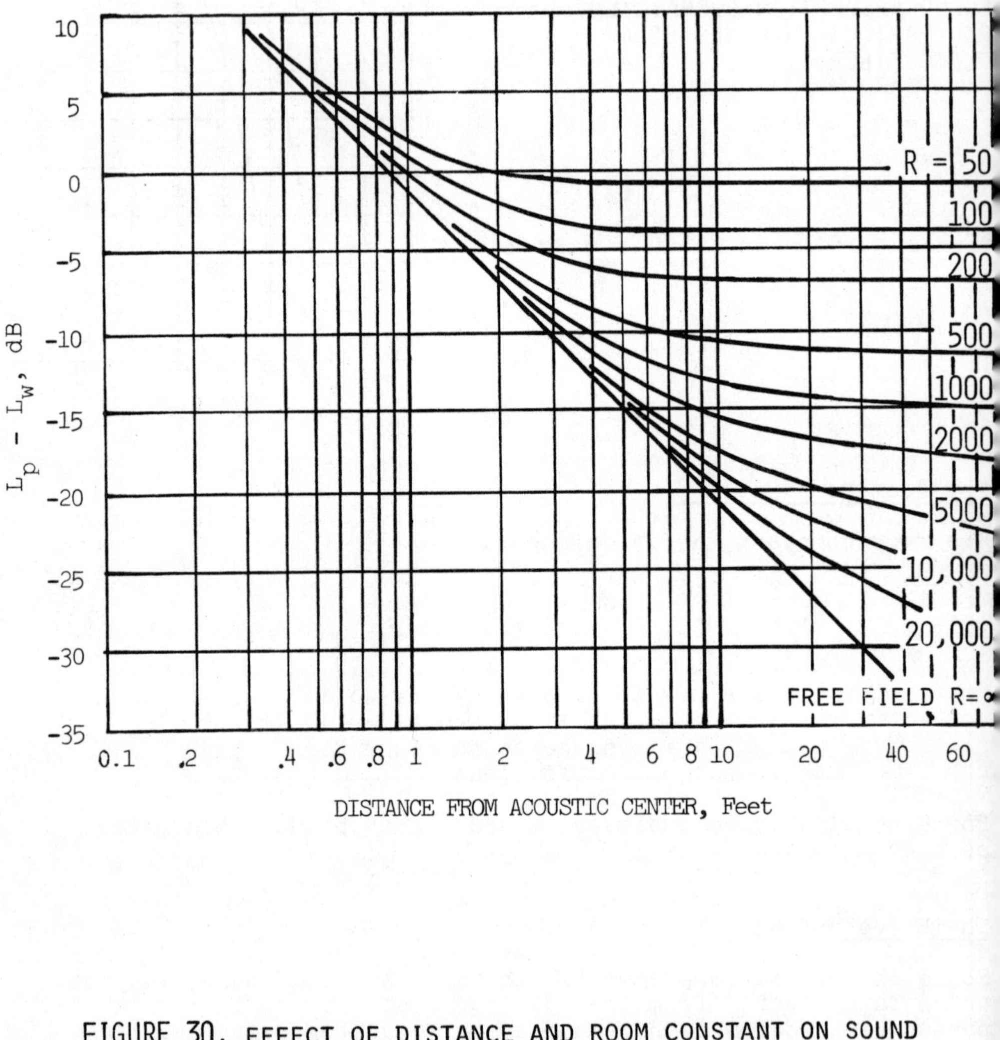


FIGURE 30. EFFECT OF DISTANCE AND ROOM CONSTANT ON SOUND PRESSURE LEVELS WITHIN A ROOM FOR Q = 1.

It can be seen that when $\alpha$ is small, R is also small, or the room surfaces are highly reflective. As indicated in Figure 30, when R = 50 the sound pressure is fairly constant at any position from the source. Thus, the reverberant field exists when the sound from the source is reflected back and forth between relatively hard surfaces, rather than absorbed.

The room constant may be found either from Equation 43, or by measuring the reverberation time. Reverberation time is the time that would be required for the mean-square sound pressure level to decrease 60 dB after a noise source is stopped. It can be measured by means of a high speed recorder. By knowing the reverberation time, R can be calculated as follows:

$$R = \frac{S}{(TS/.049V) - 1} \tag{44}$$

where S = total room surface area, square feet
V = volume of room, feet$^3$
T = reverberation time, seconds

SIM 32

a) Calculate the room constant for a room with painted concrete block walls. The wall, ceiling, and floors are each 1000 square feet.

b) Calculate the absorption coefficient as in part (a), with the addition that the equivalent of a 500 square foot hole exists for incoming ventilation.

ANSWER

a) From Table XXXXII, the values of $\alpha$ are:

| | Octave Band Center Frequency, Hz | | | | | |
|---|---|---|---|---|---|---|
| | 125 | 250 | 500 | 1000 | 2000 | 4000 |
| $\alpha$ | .10 | .05 | .06 | .07 | .09 | .08 |

Since all surfaces are of the same material, $\bar{\alpha}$ equals $\alpha$.

At 125 Hz,

$$R = \frac{6000 \times 0.1}{0.9} = 666 \text{ ft}^2$$

| | Octave Band Center Frequency, Hz | | | | | |
|---|---|---|---|---|---|---|
| | 125 | 250 | 500 | 1000 | 2000 | 4000 |
| R, $ft^2$ | 666 | 316 | 383 | 452 | 593 | 522 |

b) The effect of the hole is to increase the absorption Of the room. For a hole, $\alpha = 1$. At 125 Hz:

$$\bar{\alpha} = \frac{.1(5500) + 1(500)}{6000} = .18$$

| | Octave Band Center Frequency, Hz | | | | | |
|---|---|---|---|---|---|---|
| | 125 | 250 | 500 | 1000 | 2000 | 4000 |
| $\bar{\alpha}$ | .18 | .13 | .14 | .15 | .17 | .16 |

SIM 33

For the motor, gear, and pump arrangement of SIM 21, compute the sound pressure level at the position specified. Use the exact sound attenuation method as illustrated in this chapter for the following rooms:

a) Data of SIM 32(a)
b) Wall, ceiling and floor surfaces: 250 square feet; ceiling: 1" fiberglass; floor and wall: unglazed brick
c) All surfaces: 250 square feet unglazed brick

ANSWER

a) From Figure 30, ($L_p$ - $L_W$) values are obtained for the data of SIM 32 (a):

| | Octave Band Center Frequency, Hz | | | | | |
|---|---|---|---|---|---|---|
| | 125 | 250 | 500 | 1000 | 2000 | 4000 |
| At 5' | 10 | 8 | 9 | 9 | 10 | 10 |
| At 7' | 11 | 9 | 10 | 10 | 11 | 11 |
| Thus, | | | | | | |
| Lp, Motor | 75 | 83 | 87 | 87 | 81 | 76 |
| Lp, Gear | 78 | 82 | 81 | 81 | 79 | 73 |
| Lp, Pump | 76 | 82 | 81 | 77 | 73 | 70 |
| Lp, Total | 81 | 87 | 89 | 88 | 84 | 79 |

b) From Figure 29 and Table XXXXII:

| α | Octave Band Center Frequency, Hz | | | | | |
|---|---|---|---|---|---|---|
| | 125 | 250 | 500 | 1000 | 2000 | 4000 |
| 1" Glass fiber | .06 | .20 | .65 | .90 | .94 | .99 |
| Unglazed brick | .03 | .03 | .03 | .04 | .05 | .07 |

At 125 Hz:

$$\bar{\alpha} = \frac{.06(250) + .03(1250)}{1500} = .035$$

$$R = \frac{S\bar{\alpha}}{1 - \bar{\alpha}} = \frac{1500 \times .035}{.96} = 55 \text{ ft}^2$$

Performing similar calculations for the other frequency bands:

| | Octave Band Center Frequency, Hz | | | | | |
|---|---|---|---|---|---|---|
| | 125 | 250 | 500 | 1000 | 2000 | 4000 |
| $\bar{\alpha}$ | .04 | .06 | .13 | .18 | .20 | .22 |
| R, $ft^2$ | 55 | 95 | 224 | 330 | 375 | 423 |

(Lp - Lw) values for each octave band are found from Figure 30:

| | Octave Band Center Frequency, Hz | | | | | |
|---|---|---|---|---|---|---|
| | 125 | 250 | 500 | 1000 | 2000 | 4000 |
| Lp - Lw (5') | 2 | 4 | 7 | 8 | 8 | 8 |
| Lp - Lw (7') | 2 | 4 | 7 | 8 | 8 | 8 |
| Lp, Motor | 84 | 88 | 90 | 89 | 84 | 79 |
| Lp, Gear | 86 | 86 | 83 | 82 | 81 | 75 |
| Lp, Pump | 85 | 87 | 84 | 79 | 76 | 73 |
| Lp, Total | 90 | 92 | 92 | 90 | 86 | 81 |

c) Again, $\bar{\alpha}$ equals $\alpha$.

| | Octave Band Center Frequency, Hz | | | | | |
|---|---|---|---|---|---|---|
| | 125 | 250 | 500 | 1000 | 2000 | 4000 |
| R, $ft^2$ | 46 | 46 | 46 | 62 | 79 | 113 |
| $L_p - L_W$ (5') | 1 | 1 | 1 | 2 | 3 | 5 |
| $L_p - L_W$ (7') | 1 | 1 | 1 | 2 | 3 | 5 |
| $L_p$, Motor | 85 | 91 | 96 | 95 | 89 | 82 |
| $L_p$, Gear | 87 | 89 | 89 | 88 | 86 | 78 |
| $L_p$, Pump | 86 | 90 | 90 | 85 | 81 | 76 |
| $L_p$, Total | 91 | 95 | 98 | 96 | 91 | 84 |

The results of SIM 33 illustrate two important concepts related to room acoustics within industrial spaces:

1. Sound absorptive materials on walls or ceilings can provide significant noise reduction for persons located at least several feet from a noise source, especially for high frequency sound.

2. Greater sound absorption is achieved in large rooms than in smaller rooms with similar wall surfaces.

Similarly, two important limitations should be recognized with regard to achieving noise reduction by means of acoustical treatment within a room:

1. In practice, R may be increased generally by no more than one order of magnitude, due to increased absorption.

2. Absorptive surfaces are useful in cutting down on the reverberant field and not the direct field. Thus, wall treatments will be of little, if any, benefit in reducing the noise for an operator who is within a few feet of a machine.

## Sound Transmission Between Rooms

Just as indoor sound can reach outside areas, so can indoor sound be transmitted between rooms. The equations given in Chapter 5 hold for transmission losses of any materials. As previously presented, the noise reduction due to a wall is given by:

$$NR = TL - 10 \log (1/4 + S/R) \qquad (35)$$

Using the same procedure as outlined in Chapter 5, the effect of transmission loss can be calculated indoors.

SIM 34

The sound of the motor, gear, and pump in the room of SIM 33(a) is radiated to an adjacent break area. The TL of the adjacent wall is:

| | Octave Band Center Frequency, Hz | | | | | |
|---|---|---|---|---|---|---|
| | 125 | 250 | 500 | 1000 | 2000 | 4000 |
| TL | 33 | 33 | 33 | 39 | 46 | 53 |

And the break area has the following room constant values:

| | Octave Band Center Frequency, Hz | | | | | |
|---|---|---|---|---|---|---|
| | 125 | 250 | 500 | 1000 | 2000 | 4000 |
| R, $ft^2$ | 165 | 310 | 400 | 460 | 600 | 545 |

Calculate the sound pressure level in the break area due to the motor, gear, and pump noise. The common wall area is 1000 square feet.

ANSWER

| | Octave Band Center Frequency, Hz | | | | | |
|---|---|---|---|---|---|---|
| | 125 | 250 | 500 | 1000 | 2000 | 4000 |
| $10 \log \left(\frac{1}{4} + \frac{1000}{R}\right) =$ | 7.8 | 5.4 | 4.4 | 3.9 | 2.8 | 3 |
| $TL-10 \log \left(\frac{1}{4} + \frac{1000}{R}\right) =$ | 25.2 | 27.6 | 28.6 | 35.1 | 43.2 | 50 |
| Lp, Equipment (SIM 33a) | 81 | 87 | 89 | 88 | 84 | 79 |
| Lp, Break Area | 55.8 | 59.4 | 60.4 | 52.9 | 40.8 | 29 |

## Noise Transmitted Through Ducts

Since fans are used to cool or heat rooms, they are indirectly connected to room outlets by means of ducts. It is therefore important to evaluate the attenuation due to the ducts and the effects of sound distribution of the various duct branches. The following information is based on the ASHRAE Guide & Data Book for Procedures on Sound and Vibration Control.

## Attenuation of Untreated Ducts

The attenuation of an untreated duct is a function of:

a) the transfer of acoustical energy to duct walls (Table XXXXIII)
b) the reflection of sound waves at the open end of a duct (Table XXXXIV), and
c) the effect of elbows on sound reflection (Table XXXXV).

TABLE XXXXIII

ATTENUATION IN BARE* RECTANGULAR METAL DUCTS

| | Octave Band Center Frequency, Hz | | | |
|---|---|---|---|---|
| | 63 | 125 | 250 | 500 and above |
| | Attenuation, dB/ft | | | |
| Small (6" x 6")** | .2 | .2 | .15 | .10 |
| Medium (24" x 24") | .2 | .2 | .10 | .05 |
| Large (72" x 72") | .1 | .1 | .05 | .01 |

* For thermally insulated ducts, double the above attenuations.
** Dimensions in parentheses are nominal sizes.

TABLE XXXXIV

EFFECT OF REFLECTION AT OPEN END OF DUCT (Q = 2)*

| Square Root of Area of Rectangular Duct or Round Duct Diameter (inches) | Octave Band Center Frequency, Hz | | | | |
|---|---|---|---|---|---|
| | 63 | 125 | 250 | 500 | 1000 |
| | Attenuation, dB/ft | | | | |
| 5 | 16 | 12 | 8 | 4 | 1 |
| 10 | 13 | 9 | 5 | 1 | 0 |
| 20 | 8 | 5 | 1 | 0 | 0 |
| 40 | 4 | 1 | 0 | 0 | 0 |
| 80 | 1 | 0 | 0 | 0 | 0 |

* If Q is other than 2, multiply actual area by Q/2 for equivalent area.

TABLE XXXXV

APPROXIMATE ATTENUATION OF ELBOWS (30° - 90°)

| Elbow Type | Diameter or Width of Duct (inches) | Octave Band Center Frequency, Hz | | | | | | | |
|---|---|---|---|---|---|---|---|---|---|
| | | 63 | 125 | 250 | 500 | 1000 | 2000 | 4000 | 8000 |
| Round | 5 - 10 | 0 | 0 | 0 | 0 | 1 | 2 | 3 | 3 |
| | 11 - 20 | 0 | 0 | 0 | 1 | 2 | 3 | 3 | 3 |
| | 21 - 40 | 0 | 0 | 1 | 2 | 3 | 3 | 3 | 3 |
| | 41 - 80 | 0 | 1 | 2 | 3 | 3 | 3 | 3 | 3 |
| Square (no turning vanes) | 5 | 0 | 0 | 0 | 1 | 5 | 7 | 5 | 3 |
| | 10 | 0 | 0 | 1 | 5 | 7 | 5 | 3 | 3 |
| | 20 | 0 | 1 | 5 | 7 | 5 | 3 | 3 | 3 |
| | 40 | 1 | 5 | 7 | 5 | 3 | 3 | 3 | 3 |

Knowing the sound power level of a fan and the attenuation due to ducts and elbows, the sound power level at each air outlet can be calculated. The sound power is divided in proportion to the area of the duct, or CFM through the duct, as follows:

$$L_W(\text{outlet}) = L_W(\text{total}) - 10 \log \left( \frac{\text{Total Area or Total CFM}}{\text{Area or CFM of Outlet}} \right) \quad (45)$$

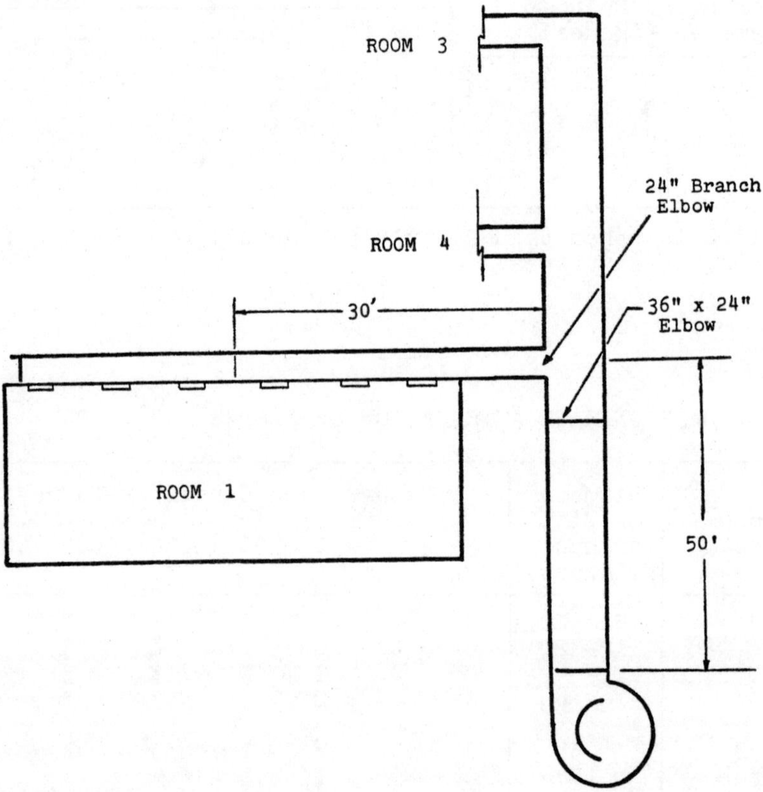


FIGURE 31. FAN ARRANGEMENT AND DUCT LAYOUT.

Table XXXXVI summarizes the distribution of sound power to each outlet:

TABLE XXXXVI

SOUND POWER LEVELS AT AIR OUTLETS

| Outlet CFM in Percentage of Total CFM | 1/5 | 1/2 | 1 | 2 | 5 | 10 | 20 | 50 |
|---|---|---|---|---|---|---|---|---|
| Decibels to Subtract from Total Power Level to Obtain Power Level per Outlet | 27 | 23 | 20 | 17 | 13 | 10 | 7 | 3 |

SIM 35

A fan vendor has submitted the following data for an office supply fan:

| | Octave Band Center Frequency, Hz | | | | | | | |
|---|---|---|---|---|---|---|---|---|
| | 63 | 125 | 250 | 500 | 1000 | 2000 | 4000 | 8000 |
| $L_W$(total) | 101 | 91 | 92 | 90 | 88 | 88 | 86 | 74 |
| $L_W$(outlet) | 98 | 88 | 89 | 87 | 85 | 85 | 83 | 71 |

Total air flow = 9000 CFM

Design Considerations (Refer to Figure 31)

Main duct: 36" x 24"; 50 feet in length

Branch duct: 3000 CFM/branch, 12" x 24"; length to center of branch is 30 feet

One branch per room; each room has 6 outlets @ 500 CFM each

One 36" x 24" elbow in main branch

One 24" branch elbow per room

Square ducts and elbows with no turning vanes

Compute the sound power level of each outlet.

ANSWER

| | Octave Band Center Frequency, Hz | | | | | | | | Reference |
|---|---|---|---|---|---|---|---|---|---|
| | 63 | 125 | 250 | 500 | 1000 | 2000 | 4000 | 8000 | |
| Sound power level of fan | 98 | 88 | 89 | 87 | 85 | 85 | 83 | 71 | |
| Attenuation of 36" x 24" duct (50') | 10 | 10 | 5 | 2.5 | 2.5 | 2.5 | 2.5 | 2.5 | Table XXXXIII |
| Attenuation 1 - 36" elbow | 1 | 5 | 7 | 5 | 3 | 3 | 3 | 3 | Table XXXXV |
| Attenuation 1 - 24" elbow | 0 | 1 | 5 | 7 | 5 | 3 | 3 | 3 | Table XXXXV |
| Branch duct 12" x 24" (30') | 6 | 6 | 3 | 1.5 | 1.5 | 1.5 | 1.5 | 1.5 | Table XXXXIII |
| Power division per outlet | 12.5 | 12.5 | 12.5 | 12.5 | 12.5 | 12.5 | 12.5 | 12.5 | $10 \log\left(\frac{9000}{500}\right)$ |
| Reflection at open end (12" x 24") | 8 | 5 | 1 | 0 | 0 | 0 | 0 | 0 | Table XXXXIV, Q = 2 |
| Total attenuation | 37.5 | 39.5 | 33.5 | 28.5 | 24.5 | 22.5 | 22.5 | 22.5 | Sum of Lines 2 thru 7 |
| Sound Power Level per Terminal | 60.5 | 48.5 | 55.5 | 58.5 | 60.5 | 62.5 | 60.5 | 48.5 | Line 1 Minus Line 8 |

SIM 36

The diffusers of SIM 35 are located in a room with the following characteristics:

Room size: 70' x 20' x 20'

Walls: Painted concrete block

Floors: Linoleum

Ceiling: Acoustical tile

| | |
|---|---|
| $\alpha$(125 Hz) = 0.48 | $\alpha$(1000) = 0.99 |
| $\alpha$(250) = 0.82 | $\alpha$(2000) = 0.90 |
| $\alpha$(500) = 0.97 | $\alpha$(4000) = 0.86 |

Compute the sound pressure level at Position A, as shown in Figure 32, and determine the corresponding NC level.

FIGURE 32. OPERATOR LOCATION IN ROOM.

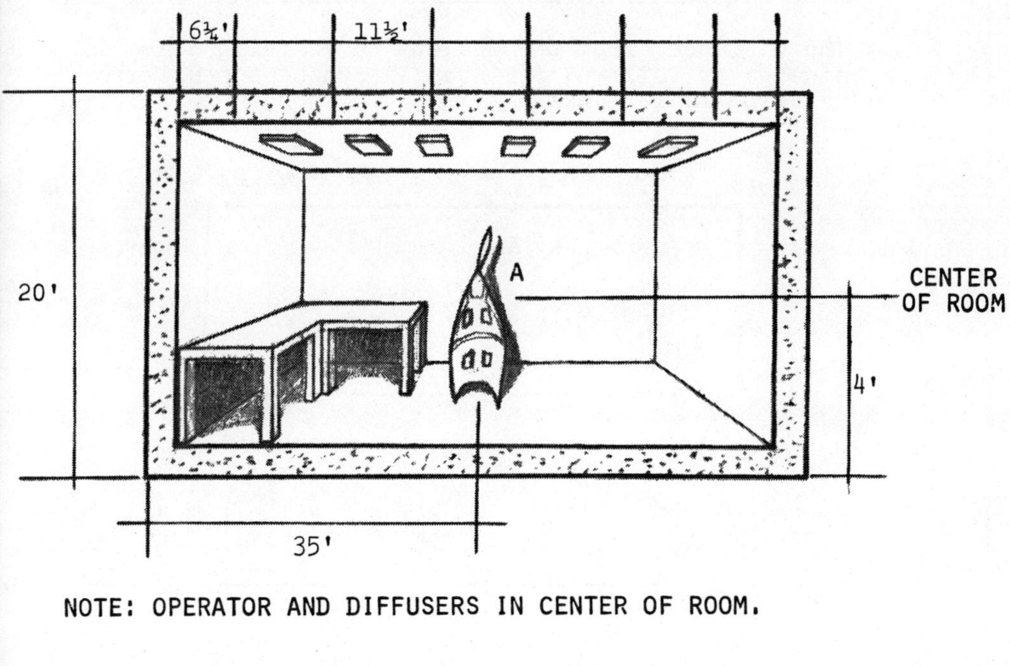


NOTE: OPERATOR AND DIFFUSERS IN CENTER OF ROOM.

ANSWER

Surface area of walls = (2 x 20 x 20) + (2 x 20 x 70)

= 3600 square feet

Surface area of ceiling and floor = 20 x 70

= 1400 square feet

At 125 Hz:

$$\bar{\alpha} = \frac{.1(3600) + .48(1400) + .02(1400)}{6400} = .16$$

$$R = \frac{6400 \times .16}{.84} = 1200 \text{ ft}^2$$

Calculating similarly for the other octave bands:

| | Octave Band Center Frequency, Hz | | | | | |
|---|---|---|---|---|---|---|
| | 125 | 250 | 500 | 1000 | 2000 | 4000 |
| $\bar{\alpha}$ | .16 | .21 | .25 | .26 | .25 | .23 |
| R, $ft^2$ | 1200 | 1700 | 2130 | 2250 | 2130 | 1911 |

The distances from the outlets to Position A are indicated as follows: (Distances can be approximated by using scaled drawings.)

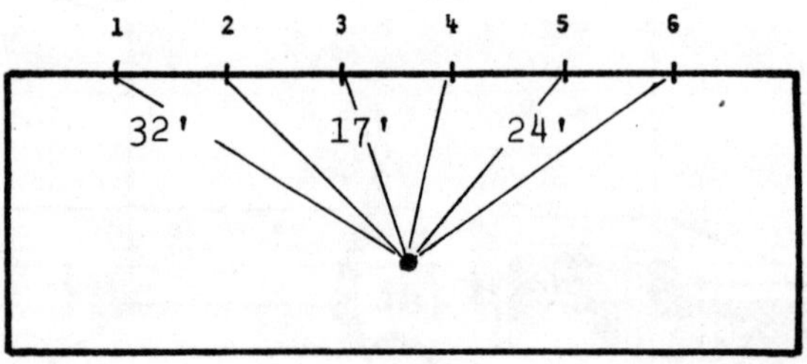


The sound pressure level contribution for each outlet is calculated as the sound power level (from SIM 35) plus the ($L_p$ - $L_W$) value determined from Figure 30.

| | Octave Band Center Frequency, Hz | | | | | |
|---|---|---|---|---|---|---|
| | 125 | 250 | 500 | 1000 | 2000 | 4000 |
| $L_W$, Each outlet | 48.5 | 55.5 | 58.5 | 60.5 | 62.5 | 60.5 |
| $(L_p - L_W)$ @ 32' | -15 | -17 | -18 | -18 | -19 | -18 |
| $L_p$, Outlets 1 & 6 | 33.5 | 38.5 | 40.5 | 42.5 | 43.5 | 42.5 |
| $(L_p - L_W)$ @ 24' | -14 | -16 | -17 | -17 | -18 | -17 |
| $L_p$, Outlets 2 & 5 | 34.5 | 39.5 | 41.5 | 43.5 | 44.5 | 43.5 |
| $(L_p - L_W)$ @ 17' | -13 | -15 | -16 | -16 | -17 | -16 |
| $L_p$, Outlets 3 & 4 | 35.5 | 40.5 | 42.5 | 44.5 | 45.5 | 44.5 |
| $L_p$, Outlets 1 - 6 | 42.5 | 47.5 | 49.5 | 51.5 | 52.5 | 51.5 |

By plotting the sound pressure levels on the NC curves of Figure 7, it is seen that the resulting value is NC 55.

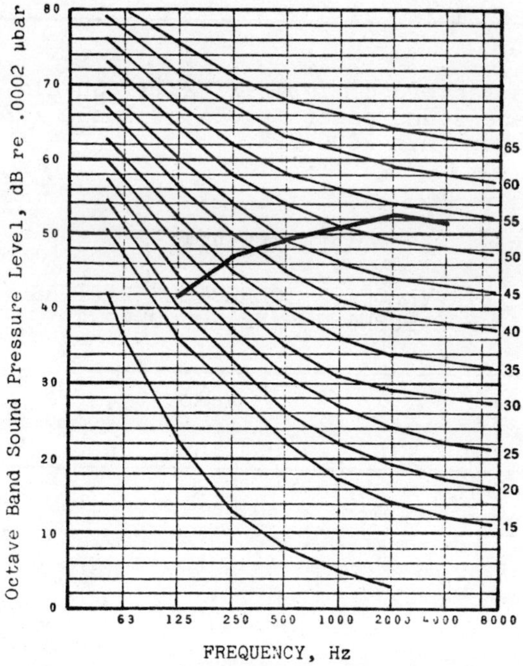

## Effect of Turning Vanes on Duct Noise

Due to heating and ventilating requirements, turning vanes are usually used in duct systems. These vanes are located in the duct elbow and act as an additional sound source. Table XXXXVII gives the sound power level produced by air flow through elbows with turning vanes and an air velocity of 2000 FPM.

TABLE XXXXVII

SOUND POWER PRODUCED BY TURNING VANES

| Duct Size, Square Feet | Octave Band Center Frequency, Hz | | | | | | | |
|---|---|---|---|---|---|---|---|---|
| | 63 | 125 | 250 | 500 | 1000 | 2000 | 4000 | 8000 |
| .25 | 52 | 52 | 52 | 50 | 47 | 43 | 36 | 29 |
| .5 | 57 | 57 | 56 | 54 | 50 | 45 | 39 | 32 |
| 1 | 63 | 62 | 60 | 57 | 53 | 49 | 42 | 35 |
| 2 | 77 | 71 | 65 | 61 | 56 | 52 | 45 | 38 |

The correction factors of Table XXXXVIII should be be added to the turning vane sound power levels of Table XXXXVII if the velocity is other than 2000 FPM.

TABLE XXXXVIII

AIR VELOCITY CORRECTION FACTORS
FOR TURNING VANE SOUND POWER

| | Velocity, FPM | | | | | | | |
|---|---|---|---|---|---|---|---|---|
| | 800 | 1000 | 1200 | 1500 | 2000 | 2500 | 3000 | 4000 |
| Corrections | -24 | -18 | -13 | -7.5 | 0 | +6 | +10 | +18 |

SIM 37

What effect will turning vanes have in the 24" elbow from SIM 36?

ANSWER

$$\text{Velocity} = \frac{3000 \text{ CFM}}{1' \times 2' \text{ (elbow)}}$$

$$= 1500 \text{ FPM}$$

| | Octave Band Center Frequency, Hz | | | | | | | |
|---|---|---|---|---|---|---|---|---|
| | 63 | 125 | 250 | 500 | 1000 | 2000 | 4000 | 8000 |
| Sound power level of 2' turning vanes at 2000 FPM | 77 | 71 | 65 | 61 | 56 | 52 | 45 | 38 |
| Correction factor for 1500 FPM | 7.5 | 7.5 | 7.5 | 7.5 | 7.5 | 7.5 | 7.5 | 7.5 |
| Attenuation of branch duct 12" x 24" | 6 | 6 | 3 | 1.5 | 1.5 | 1.5 | 1.5 | 1.5 |
| Power division per outlet | 12.5 | 12.5 | 12.5 | 12.5 | 12.5 | 12.5 | 12.5 | 12.5 |
| Reflection at open end | 8 | 5 | 1 | 0 | 0 | 0 | 0 | 0 |
| Total attenuation plus correction factor | 34 | 31 | 24 | 21.5 | 21.5 | 21.5 | 21.5 | 21.5 |
| Sound power at outlet due to turning vane | 43 | 40 | 41 | 39.5 | 34.5 | 30.5 | 23.5 | 16.5 |

If we added this source with that of the fan, we see that the power generated through the vanes has no effect on the overall level. Many times the effect of vanes is deleted from the analysis; however, in applications where the velocity is high, the effect of of vanes should always be checked.

## Sound Radiated Through Fan Casing and Duct

The sound radiating through the fan or duct is simply the inside sound power level of the fan or in the duct, minus the transmission loss. As we have previously seen, the transmission loss is a function of the material properties and its total weight. Table XXXXIX summarizes the approximate transmission loss through various gauge steel. The sound radiating through the fan or duct is simply the inside sound power level of the fan or in the duct, minus the transmission loss.

TABLE XXXXIX

TRANSMISSION LOSS OF VARIOUS GAUGES OF STEEL

| Gauge Steel | Octave Band Center Frequency, Hz | | | | | | | |
|---|---|---|---|---|---|---|---|---|
| | 63 | 125 | 250 | 500 | 1000 | 2000 | 4000 | 8000 |
| 10 | 17 | 23 | 29 | 35 | 40 | 40 | 40 | 40 |
| 12 | 15 | 21 | 27 | 33 | 39 | 40 | 40 | 40 |
| 14 | 12 | 18 | 24 | 30 | 36 | 40 | 40 | 40 |
| 16 | 10 | 16 | 22 | 28 | 34 | 40 | 40 | 40 |
| 18 | 9 | 15 | 21 | 27 | 33 | 39 | 40 | 40 |
| 20 | 6 | 12 | 18 | 24 | 30 | 36 | 40 | 40 |

SIM 38

For the fan of SIM 35, compute the sound pressure level 10 feet from the fan. Assume an 18 gauge steel fan enclosure and the room characteristics of SIM 36.

ANSWER

| | Octave Band Center Frequency, Hz | | | | | |
|---|---|---|---|---|---|---|
| | 125 | 250 | 500 | 1000 | 2000 | 4000 |
| $L_W$, Fan | 91 | 92 | 90 | 88 | 88 | 86 |
| TL, Casing | 15 | 21 | 27 | 33 | 39 | 40 |
| Attenuation due to distance | 12 | 14 | 15 | 15 | 16 | 15 |
| $L_p$, 10' from fan casing | 64 | 57 | 48 | 40 | 33 | 31 |

Noise Levels of Indoor Transformers

When transformers are placed indoors, the sound pressure levels may be computed utilizing the transformer's NEMA rating. The general equation for predicting the transformer sound pressure levels indoors is given by:

$$L_p = L_{p_o} + 10 \log \left( \frac{A_T}{4\pi r^2} + \frac{4A_T}{R} \right) \qquad (46)$$

where $L_{p_o}$ = NEMA sound level, dBA

$A_T$ = Area of the transformer, $ft^2$

R = Room constant, $ft^2$

r = Distance to center of transformer, ft

SIM 39

A typical size for a 3000 KVA, 480 V transformer is 5' wide x 8' long x 8' high. The transformer is placed in a room with 1000 square feet of wall area, and an $\alpha$ = .01 at 120 Hz. Compute the resulting sound pressure in dBA at 4.5' from the center of the transformer for the case where the transformer is placed indoors and outdoors.

ANSWER

From Table XXXII, $Lp_o$ = 78 dBA

Indoors

The transformer area is:

$$A_T = (2x8x5) + (8x5) + (2x8x8) = 250 \text{ square feet}$$

From Equation 46:

$$Lp = Lp_o + 10 \log \left[\frac{A_T}{4\pi r^2} + \frac{4\ A_T}{R}\right]$$

Substituting $R = \frac{\bar{\alpha}s}{1-\bar{\alpha}}$

$$Lp = Lp_o + 10 \log \left[\frac{A_T}{4\pi r^2} + \frac{4(1-\bar{\alpha})\ A_T}{\bar{\alpha}s}\right]$$

$$Lp = 78 + 10 \log \left[\frac{250}{4\pi(4.5)^2} + \frac{4(.99)(250)}{.01(1000)}\right]$$

$$= 78 + 10 \log (1 + 99)$$

$$= 78 + 20$$

$$= 98 \text{ dBA}$$

Outdoors

$$Lp = Lp_o + 10 \log (1)$$

$$= Lp_o$$

$$= 78 \text{ dBA}$$

We see that there is a 20 dBA buildup in the transformer room as opposed to the outdoor case. This example also illustrates that the outdoor sound measured close to a transformer is equal to the NEMA rating, since the area of the spherical surface receiving the sound ($4\pi r^2$) is approximately equal to the area of the transformer.

JOB 6A

Based on the equipment sound estimates of Job 4, compute the sound pressure level at Operator Position A. Use the dimensions given in Figure 11. The boiler house has concrete block painted walls with concrete floors and ceilings. The manufacturer's sound level data for the chiller and compressor is as follows:

| | Octave Band Center Frequency, Hz | | | | | |
|---|---|---|---|---|---|---|
| | 125 | 250 | 500 | 1000 | 2000 | 4000 |
| $L_W$, Chiller | 104 | 105 | 106 | 108 | 102 | 100 |
| $L_W$, Compressor | 95 | 95 | 101 | 102 | 102 | 103 |

Assume that noise from the inside portion of the boiler is negligible.

ANALYSIS

From Table XXXXII:

| $\alpha$ | Octave Band Center Frequency, Hz | | | | | |
|---|---|---|---|---|---|---|
| | 125 | 250 | 500 | 1000 | 2000 | 4000 |
| Walls | .10 | .05 | .06 | .07 | .09 | .08 |
| Floors & Ceilings | .01 | .01 | .015 | .02 | .02 | .02 |

At 125 Hz:

$$\bar{\alpha}\ (125\ \text{Hz}) = \frac{7200(.10) + 16{,}000(.01)}{23{,}200} = .038$$

$$R\ (125\ \text{Hz}) = \frac{23{,}200 \times .038}{.962} = 916$$

Performing similar calculations at other frequencies:

| | Octave Band Center Frequency, Hz | | | | | |
|---|---|---|---|---|---|---|
| | 125 | 250 | 500 | 1000 | 2000 | 4000 |
| $\bar{\alpha}$ | .038 | .023 | .028 | .035 | .041 | .038 |
| R, $ft^2$ | 916 | 546 | 668 | 840 | 991 | 916 |

| | Octave Band Center Frequency, Hz | | | | | |
|---|---|---|---|---|---|---|
| | 125 | 250 | 500 | 1000 | 2000 | 4000 |
| Boiler Feed Motor, $L_W$ | 95 | 99 | 103 | 103 | 99 | 95 |
| Boiler Feed Pump, $L_W$ | 87 | 91 | 91 | 87 | 84 | 81 |
| Attenuation, 46' | -15 | -12 | -13 | -14 | -15 | -15 |
| $L_p$ at "A" from Feed Pump & Motor | 81 | 88 | 90 | 89 | 84 | 80 |
| Chilled Water Motor, $L_W$ | 88 | 92 | 96 | 96 | 92 | 88 |
| Chilled Water Pump, $L_W$ | 87 | 91 | 91 | 87 | 84 | 81 |
| Attenuation, 36' | -15 | -12 | -13 | -14 | -15 | -15 |
| $L_p$ at "A" from Chilled Water Pump & Motor | 76 | 83 | 84 | 82 | 78 | 74 |
| Cooling Water Pump Motor, $L_W$ | 92 | 96 | 100 | 100 | 96 | 92 |
| Cooling Water Pump, $L_W$ | 87 | 91 | 91 | 87 | 84 | 81 |
| Attenuation, 36' | -15 | -12 | -13 | -14 | -15 | -15 |
| $L_p$ at "A" from Cooling Water Pump and Motor | 78 | 85 | 87 | 86 | 81 | 77 |
| $L_p$ at "A" from Utility Pumps 1 & 2 | 81 | 88 | 90 | 89 | 84 | 80 |
| $L_p$ at "A" from Chiller | 89 | 93 | 93 | 94 | 87 | 85 |
| $L_p$ at "A" from Compressor | 80 | 83 | 88 | 88 | 87 | 88 |
| $L_W$(total) Fans 25 & 26 | 98 | 92 | 93 | 91 | 88 | 86 |
| $L_W$ Outlet | 95 | 89 | 90 | 88 | 85 | 83 |
| Attenuation | -15 | -12 | -13 | -14 | -15 | -15 |
| $L_p$ at "A" from Both Fans | 83 | 80 | 80 | 77 | 73 | 71 |
| $L_W$ 50 HP Fan Motor | 85 | 89 | 93 | 93 | 89 | 85 |
| $L_p$ at "A" Fan Motors (2) | 73 | 80 | 83 | 82 | 77 | 73 |

The octave band sound pressure levels at Position A from all sources may be added to obtain the resultant sound pressure level at A.

| | Octave Band Center Frequency, Hz | | | | | |
|---|---|---|---|---|---|---|
| | 125 | 250 | 500 | 1000 | 2000 | 4000 |
| Feed pump & motor | 81 | 88 | 90 | 89 | 84 | 80 |
| Chilled water pump & motor | 76 | 83 | 84 | 82 | 78 | 74 |
| Cooling water pump & motor | 78 | 85 | 87 | 86 | 81 | 77 |
| Utility pumps 1 & 2 | 81 | 88 | 90 | 89 | 84 | 80 |
| Chiller | 89 | 93 | 93 | 94 | 87 | 85 |
| Compressor | 80 | 83 | 88 | 88 | 87 | 88 |
| Fans 25 & 26 | 83 | 80 | 80 | 77 | 73 | 71 |
| Fan motors | 73 | 80 | 83 | 82 | 77 | 73 |
| Total | 91 | 96 | 98 | 97 | 92 | 91 |

Applying the octave band correction factors (Table X), the A-Weighted sound level is computed as 101 dBA.

JOB 6B

Fan #19 is mounted in a special housing to filter dust from Process Area #1 before it is emitted into the atmosphere. Compute the sound pressure level from this fan at a residence 250 feet away, and the sound transmitted to the process area and to the office. The duct is connected to the fan inlet.

1. Assume:

   a) the attenuation within the fan enclosure and the ceiling plenum is negligible, and

   b) noise from vibration is negligible.

2. Transmission loss:

| | Octave Band Center Frequency, Hz | | | | | | | |
|---|---|---|---|---|---|---|---|---|
| | 63 | 125 | 250 | 500 | 1000 | 2000 | 4000 | 8000 |
| Suspended Ceiling Tile | 3 | 4 | 5 | 6 | 7 | 8 | 8 | 8 |
| Duct | 6 | 12 | 18 | 24 | 30 | 34 | 40 | 40 |
| Fan Housing (with opening) | 13 | 19 | 25 | 31 | 32 | 32 | 32 | 32 |

3. The area of fan housing is 1000 square feet, and the area of duct exposed to the outside is 50 square feet.

4. As an approximation, exclude duct attenuation and room effect for the office calculation.

5. Use the arrangement illustrated in Figure 33.

6. In this example only, 10 log (1/4 + S/R) = 0 for transmission between ceiling plenum and office.

7. Sound radiated from fan casing is negligible compared to outlet sound power.

ANALYSIS

The most important aspect of this example is to iden-

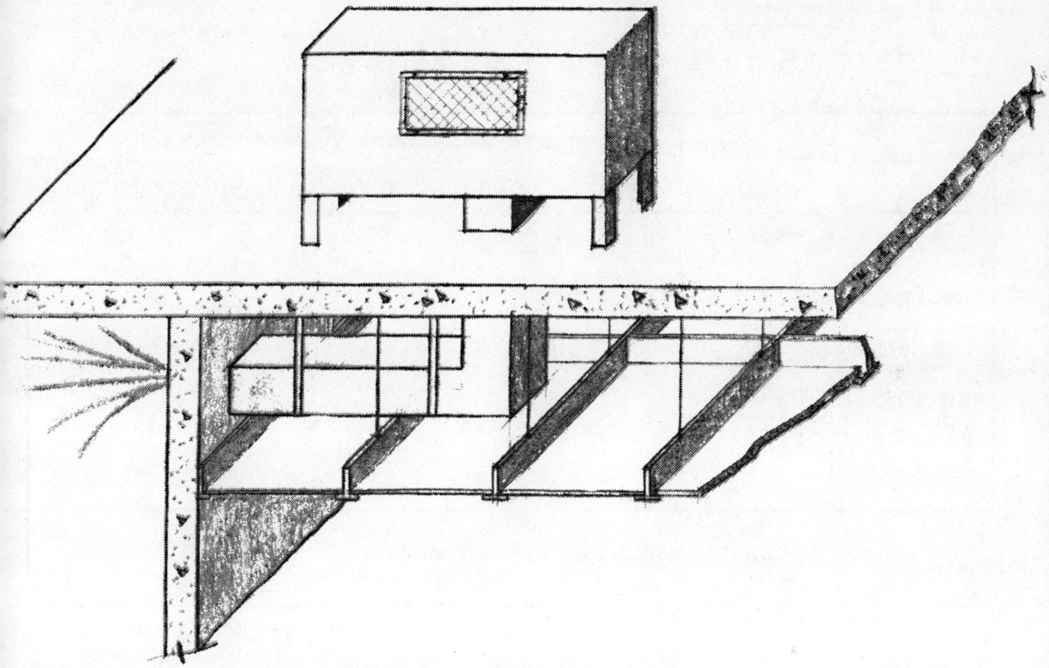

FIGURE 33. FAN LAYOUT.

tify all noise sources. For the outdoor noise case, airborne sound is transmitted through the fan enclosure and also by the duct connected to the enclosure. For the indoor office case, the sound is transmitted through the duct and through the ceiling. For the process area, sound is transmitted by the duct inlet.

Outdoor Case

Sound transmitted by fan housing:

| | Octave Band Center Frequency, Hz | | | | | | | |
|---|---|---|---|---|---|---|---|---|
| | 63 | 125 | 250 | 500 | 1000 | 2000 | 4000 | 8000 |
| $L_W$ Fan Total | 93 | 98 | 92 | 93 | 91 | 88 | 86 | 76 |
| $L_W$ Fan Inlet | 90 | 95 | 89 | 90 | 88 | 85 | 83 | 73 |
| TL Fan Housing | 13 | 19 | 25 | 31 | 32 | 32 | 32 | 32 |
| 10 log (1000) - 20 log (250) - 17 | 35 | 35 | 35 | 35 | 35 | 35 | 35 | 35 |
| $L_p$ at 250' | 42 | 41 | 29 | 24 | 21 | 18 | 16 | 6 |

Sound transmitted by fan duct:

| | Octave Band Center Frequency, Hz | | | | | | | |
|---|---|---|---|---|---|---|---|---|
| | 63 | 125 | 250 | 500 | 1000 | 2000 | 4000 | 8000 |
| $L_W$ Fan Total | 93 | 98 | 92 | 93 | 91 | 88 | 86 | 76 |
| $L_W$ Fan Inlet | 90 | 95 | 89 | 90 | 88 | 85 | 83 | 73 |
| TL Duct | 6 | 12 | 18 | 24 | 30 | 34 | 40 | 40 |
| 10 log (50) - 20 log (250) - 17 | 48 | 48 | 48 | 48 | 48 | 48 | 48 | 48 |
| $L_p$ at 250' | 36 | 35 | 23 | 18 | 10 | 3 | 0 | 0 |
| $L_p$ at 250' (housing plus duct) | 43 | 42 | 30 | 25 | 21 | 18 | 16 | 6 |

Indoor Case

Process area:

| | Octave Band Center Frequency, Hz | | | | | | | |
|---|---|---|---|---|---|---|---|---|
| | 63 | 125 | 250 | 500 | 1000 | 2000 | 4000 | 8000 |
| $L_W$ Fan Total | 93 | 98 | 92 | 93 | 91 | 88 | 86 | 76 |
| $L_W$ Fan Inlet | 90 | 95 | 89 | 90 | 88 | 85 | 83 | 73 |
| 20' Medium Duct | 4 | 4 | 2 | 1 | 1 | 1 | 1 | 1 |
| 20" Square Elbow | 0 | 1 | 5 | 7 | 5 | 3 | 3 | 3 |
| End Reflection | 8 | 5 | 1 | 0 | 0 | 0 | 0 | 0 |
| Sound Power Level at Duct Opening | 78 | 85 | 81 | 82 | 82 | 81 | 79 | 69 |

Office area:

| | Octave Band Center Frequency, Hz | | | | | | | |
|---|---|---|---|---|---|---|---|---|
| | 63 | 125 | 250 | 500 | 1000 | 2000 | 4000 | 8000 |
| $L_W$ Fan Total | 93 | 98 | 92 | 93 | 91 | 88 | 86 | 76 |
| $L_W$ Fan Inlet | 90 | 95 | 89 | 90 | 88 | 85 | 83 | 73 |
| TL Duct | 6 | 12 | 18 | 24 | 30 | 34 | 40 | 40 |
| TL Ceiling | 3 | 4 | 5 | 6 | 7 | 8 | 8 | 8 |
| Sound Level in Office | 81 | 79 | 66 | 60 | 51 | 43 | 35 | 25 |

# CHAPTER 7

# THE SILENCERS

# CHAPTER 7 - THE SILENCERS

## At the Source

The ideal way to prevent a noise problem is through engineering design of the source. This may be accomplished by either the equipment manufacturer or the user.

## Motor Silencing

Noise caused by motors can be lowered in several ways:

a) Use of 1800 rpm or slower speed motors
b) Modification of fan blade of TEFC motors
c) Installing acoustical material inside motor casing
d) Motor mutes or silencers

Usually the least expensive silencing is (a) or (b).

## Control Valve Silencing

High velocities are the big problem with control valve noise. One common mistake is to enlarge the discharge pipe in an attempt to reduce the exit velocity and subsequently decrease the noise. Unfortunately this will not work, since exit turbulence will concentrate in the expander and generate noise. The use of specially designed valves or expansion plates is the most practical method of controlling valve noise at the source.

One type of low noise valve is a multi-stage design. By distributing the pressure drop through several stages the velocity, and consequently the noise, is decreased. Another type is referred to as the "Lo-DB" valve, whose geometry coupled with its trim shape reduces control valve noise. The "Lo-DB Expansion Plate" handles part of the pressure drop through the valve and creates a multi-path geometry. These plates can be added in series.

One control valve manufacturer offers a special trim called "Whisper Trim", which can be added to conventional valves and functions in a manner similar to the Lo-DB plate. A unique control valve design called the "Drag Trim" offers the most versatile valve available for noise reduction applications. It is a velocity-limiting valve, but should not be used where solid objects that can cause plugging of the valve are present in the fluid.

## Fan Silencing

In Chapter 4 it was shown that the type of fan used is an important factor in fan noise generation. For example, vaneaxial fans are very noisy; thus, centrifugal air foil or backward curved blade fans should be used where possible.

## Transformer Silencing

Use of acoustical materials inside a transformer housing will lower the NEMA level. Also, transformers should be isolated from the floors or walls by use of vibration isolators. Conduit and cables directly connected to the transformer should be flexible.

## Cooling Tower Silencing

Outdoor cooling towers are usually easier to quiet during the design phase than after they are installed. Since the cooling tower is a highly directional source, it should always be located so that its quietest side faces nearby residences. Advantage should be taken of natural barriers, such as buildings, trees, etc., when locating the cooling tower. Another important factor is the fan speed. With operation of a cooling tower at half speed, which sometimes is possible at night when cooling tower loads are less, the following reduction could be expected:

| | Octave Band Center Frequency, Hz | | | | | | | |
|---|---|---|---|---|---|---|---|---|
| | 63 | 125 | 250 | 500 | 1000 | 2000 | 4000 | 8000 |
| Propeller Type Cooling Tower | 8 | 8 | 8 | 6 | 3 | 0 | 0 | 0 |

## General Equipment Considerations

In designing any equipment, noise will be reduced if the following are considered:

a) Balance equipment to reduce vibration.

b) Reduce weight of accelerated parts where possible.

c) Reduce accelerations and decelerations of machine parts to the minimum, while still performing the required function.

d) Check that all moving parts have smooth finishes.

e) Reduce mechanical noise where possible.

f) Enclose the sound source.

g) Use acoustical absorption materials such as glass fiber to absorb sound.

h) Reduce impact sound by using soft surfaces.

i) Provide vibration isolators and flexible connectors.

j) Reduce air, liquid, or gas turbulence where possible.

k) Cover any holes in enclosures.

When the noise cannot be treated at the source, either external silencers, enclosures, barriers, or path treatment should be provided.

## Duct and Vent Silencers

As we have seen previously, silencers may be required for steam or process vents, or needed at the discharge of large fans. The reactive and absorptive silencers are the types used for these applications. Each type has an associated attenuation curve. The specific silencer will be chosen, depending on the maximum flow rate rate and the spectrum of noise to be silenced. Since most silencing is accomplished by both reflection and dissipation of energy, the above categories many times overlap.

Two vent silencer designs and attenuation curves are illustrated in Figures 34 and 34A.

## Silencer Applications

Silencers may be placed either at the discharge of pipes for vent application, or placed in the path of a duct for heating and ventilation, or process applications. Silencers are also used at the air intake of engines, gas turbines, rotary blowers, compressors, and reciprocating engines. They are also used at the exhaust of reciprocating engines and vacuum pump discharges. As previously mentioned, the size is dependent on the required attenuation. Another factor in determining silencer size is the maximum velocity allowed through the unit. In steam vent applications the maximum allowable velocity is in the 15,000-20,000 ft./min. range.

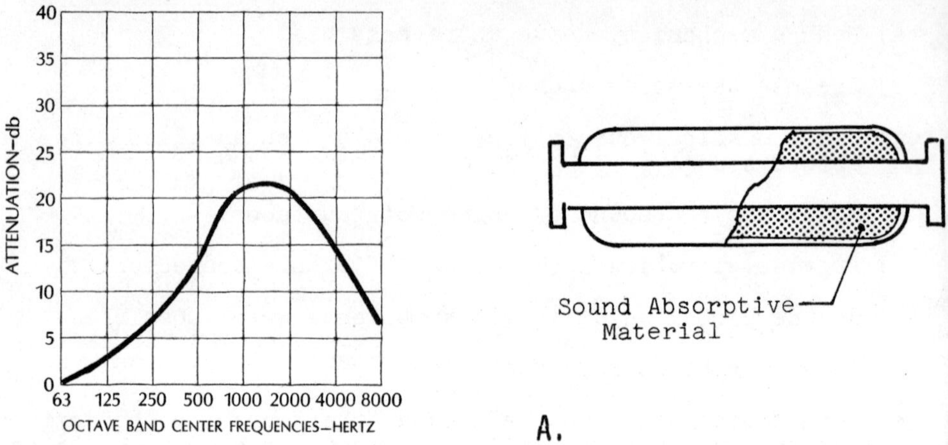


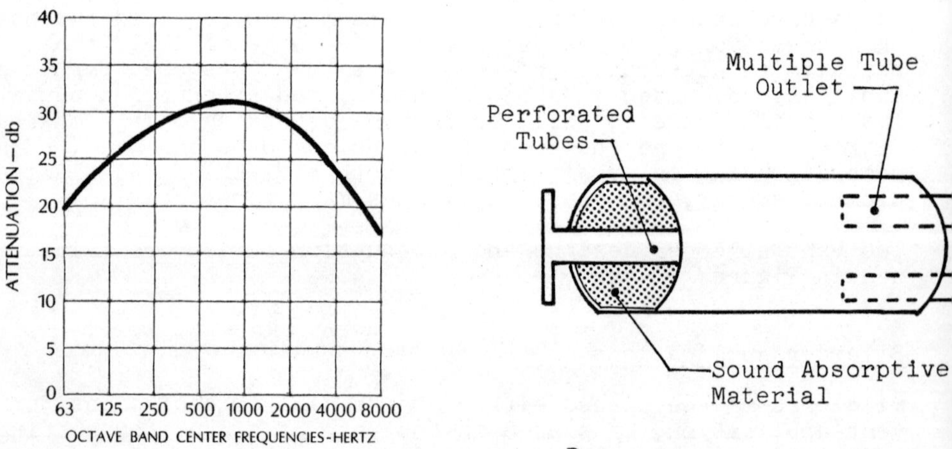


FIGURE 34. TWO TYPES OF SILENCERS: (A) ABSORPTIVE SILENCER FOR PRESSURE REDUCTION REGULATOR, AND (B) REACTIVE AND ABSORPTIVE SILENCER USED FOR STEAM AND PROCESS VENTS.

A third factor is the allowable pressure drop through the silencer. In heating and ventilation applications the size of the fan could be increased if the pressure drop of the silencer is excessive.

Always specify to the silencer manufacturer:

- Type of gas used
- Flow rate
- Pressure and temperature conditions
- Allowable pressure drop through silencer

Use of Noise Enclosures

A noise source that cannot be silenced may require an external housing to contain the sound. Another approach is to locate noisy equipment in an isolated room. The walls of the room should have a high transmission loss so that the noisy equipment will not affect the adjacent rooms. A third possibility is to provide the operator with a separate control room. In this way all equipment can be continually monitored without exposure to the noise sources.

Increasing the Transmission Loss of the Path

A noisy pipe or a noisy duct can be silenced by increasing the effective transmission loss of the pipe or duct. As long as the path has been treated the sound will be reduced. If we do not treat a portion of the path, then the untreated area will radiate noise at the original level. We must treat all the noisy pipes or ducts in an area to achieve any benefit. Two ways of treatment are to:

a) Increase the schedule or thickness of the pipe or duct.

b) Acoustically treat the pipe with lead or other materials which have a high transmission loss.

Note: In reducing the noise from chillers, acoustically treating pipelines of the unit will help lower the noise from this machine.

Sound Cloth

An easy way to lower the noise levels of oddly shaped equipment such as pipelines is to use a commercially available sound cloth, which may be a glass fiber based lead. Application of sound cloth involves wrapping the noisy object with the material. The cloth is secured by glue or lacing. A sealing compound should be used at joints to prevent leaks. Typical attenuation values for .160" thick, 2.5 pounds per square foot weight cloth are:

| | Octave Band Center Frequency, Hz | | | |
|---|---|---|---|---|
| | 500 | 1000 | 2000 | 4000 |
| Attenuation | 5 | 15 | 28 | 39 |

SIM 40

For the fan of SIM 36, compute the noise reduction required to meet NC-35.

ANSWER

| | Octave Band Center Frequency, Hz | | | | | |
|---|---|---|---|---|---|---|
| | 125 | 250 | 500 | 1000 | 2000 | 4000 |
| $L_p$ at "A" | 42.5 | 47.5 | 49.5 | 51.5 | 52.5 | 51.5 |
| NC-35 | 52 | 45 | 40 | 36 | 34 | 33 |
| NR | 0 | 2.5 | 9.5 | 15.5 | 18.5 | 18.5 |

SIM 41

Describe the type of silencing required and how the silencer below will affect the overall sound.

| | Octave Band Center Frequency, Hz | | | | | |
|---|---|---|---|---|---|---|
| | 125 | 250 | 500 | 1000 | 2000 | 4000 |
| Duct Silencer Insertion Loss | 13 | 16 | 22 | 30 | 30 | 25 |

ANSWER

By placing a silencer on the discharge of the fan the outlet noise will be reduced as follows:

| | Octave Band Center Frequency, Hz | | | | | |
|---|---|---|---|---|---|---|
| | 125 | 250 | 500 | 1000 | 2000 | 4000 |
| $L_p$ at "A" | 42.5 | 47.5 | 49.5 | 51.5 | 52.5 | 51.5 |
| Attenuation of Silencer | -13 | -16 | -22 | -30 | -30 | -25 |
| $L_p$ after Silencer | 29.5 | 31.5 | 27.5 | 21.5 | 22.5 | 26.5 |

The result is well below the established NC-35 level and is more than the noise reduction specified in SIM 40.

Note: A silencer itself is a source of noise. In general, if a silencer is chosen so that the pressure drop is satisfactory, the generated noise levels will usually be satisfactory. In very critical applications, such as in TV studios, the air induced noise levels of a silencer should be checked.

SIM 42

A noise source is placed in a room with a room constant R = 500 for the following. (Assume R = 500 over all frequency ranges.)

The sound power level of the source is as follows:

| | Octave Band Center Frequency, Hz | | | | | |
|---|---|---|---|---|---|---|
| | 125 | 250 | 500 | 1000 | 2000 | 4000 |
| $L_W$ | 105 | 100 | 96 | 91 | 89 | 86 |

Determine the sound pressure level at the following locations:

a) 10 feet from the source.
b) The source is 10' from the wall inside a 10 gauge sheet metal enclosure. Assume the sheet metal enclosure is in the center of the room and has an absorption coefficient of .03 for all frequency ranges. The surface area of the enclosure is 1600 square feet. Compute the sound pressure level out-

side the enclosure near the surface.

c) Same as part (b), except glass fiber is installed on all the surfaces of the metal enclosure.

The absorption coefficients of the glass fiber are:

| | Octave Band Center Frequency, Hz | | | | | |
|---|---|---|---|---|---|---|
| | 125 | 250 | 500 | 1000 | 2000 | 4000 |
| $\alpha$ | .48 | .82 | .97 | .99 | .90 | .86 |

ANSWER

a) From Figure 30, the value ($L_p - L_W$) at 10 feet for a room with $R_1$ = 500 ft² is -11. Thus, $L_p$ at 10 feet is:

| | Octave Band Center Frequency, Hz | | | | | |
|---|---|---|---|---|---|---|
| | 125 | 250 | 500 | 1000 | 2000 | 4000 |
| $L_p$ | 94 | 89 | 85 | 80 | 78 | 75 |

b) Calculating at 125 Hz, the room constant from Equation 43 is:

$$R = \frac{1600 \times 0.03}{(1 - .03)} = 49 \text{ ft}^2$$

From Figure 30, the value ($L_p - L_W$) for 10 feet (to the inside wall) is -1 dB. Thus, the sound pressure level is 104 dB.

The TL of a 10 gauge sheet metal wall, from Table XXXXIX, is 23. The sound pressure level, then, may be calculated outside the enclosure using Equation 35:

$$L_{po} = L_{pi} - TL + 10 \log (1/4 + S/R)$$

$$= 104 - 23 + 10 \log (1/4 + 1600/500)$$

$$= 104 - 23 + 5$$

$$= 86 \text{ dB}$$

Similarly, at other frequencies:

| | Octave Band Center Frequency, Hz | | | | | |
|---|---|---|---|---|---|---|
| | 125 | 250 | 500 | 1000 | 2000 | 4000 |
| R, $ft^2$ | 50 | 50 | 50 | 50 | 50 | 50 |
| $L_p - L_w$, 10' | -1 | -1 | -1 | -1 | -1 | -1 |
| $L_{pi}$ | 104 | 99 | 95 | 90 | 88 | 85 |
| TL | 23 | 29 | 35 | 40 | 40 | 40 |
| $L_{po}$ | 86 | 75 | 65 | 55 | 53 | 50 |

c) In reality the floor would not be glass fiber, but to simplify calculations all surfaces are assumed to have coefficients of glass fiber.

At 125 Hz, from Equation 43:

$$R = \frac{1600 \times .48}{.52} = 1477 \text{ ft}^2$$

From Figure 30, the ($L_p - L_W$) value is 14. Thus, the interior sound level at 10 feet is 91 dB. From Equation 35, the sound pressure level outside the enclosure is:

$$L_{po} = 91 - 23 + 5$$

$$= 73 \text{ dB}$$

Similarly, at other frequencies:

| | Octave Band Center Frequency, Hz | | | | | |
|---|---|---|---|---|---|---|
| | 125 | 250 | 500 | 1000 | 2000 | 4000 |
| $L_{po}$ | 73 | 58 | 46 | 36 | 34 | 31 |

Summary - Sound pressure level at 10 feet from source:

| | Octave Band Center Frequency, Hz | | | | | |
|---|---|---|---|---|---|---|
| | 125 | 250 | 500 | 1000 | 2000 | 4000 |
| No Enclosure | 94 | 89 | 85 | 80 | 78 | 75 |
| Enclosure | 86 | 75 | 65 | 55 | 53 | 50 |
| Enclosure with Glass Fiber | 73 | 58 | 46 | 36 | 34 | 31 |

## Silencing Using Sound Absorptive Materials

An effective technique for reducing the reverberant field sound levels in a room is the installation of sound absorptive materials on the walls and ceiling. Commercially available materials which may be used to achieve this type of silencing include:

- Glass fiber and acoustical foam
- Acoustical tiles
- Spray-on materials
- Slotted concrete blocks

As pointed out in Chapter 6, the use of sound absorptive treatments in a room are subject to the following limitations:

1. The noise reduction occurs only in the reverberant field. No noise reduction is achieved for distances near a source.

2. Generally, the room constant may be increased by no more than an order of magnitude.

An equation which estimates the relative noise reduction due to room treatment for distances far from a noise source is:

$$NR = 10 \log \frac{\bar{\alpha}_1}{\bar{\alpha}_2} \tag{47}$$

where $\bar{\alpha}_1$ = Average sound absorption coefficient after treatment

$\bar{\alpha}_2$ = Average sound absorption coefficient before treatment

SIM 43

Calculate the noise reduction at 125 Hz for the reverberant noise field in a room due to the addition of an acoustical ceiling.

| | 125 Hz |
|---|---|
| $\alpha$, Room | .03 |
| $\alpha$, Ceiling | .50 |

Walls, ceiling, and floors: 200 square feet each.

ANSWER

$$NR = 10 \log \left[\frac{(5 \times 200 \times .03) + (200 \times .50)}{6 \times 200(.03)}\right]$$

$$= 10 \log \left[\frac{.15 + .50}{.18}\right]$$

$$= 10 \log \left[\frac{.65}{.18}\right]$$

NR = 5.6 decibels

## Sound Attenuation by Barriers

Significant reduction of sound propagation can be achieved by the application of barriers whose dimensions are large with respect to a wavelength.

The analysis of acoustic barriers is based on asymptotic results of the optical-diffraction theory (Fresnel equations), and is consistent with experimental data.

In Figure 35 the arrangement of an acoustic barrier between source and observer is shown. From this geometry, the parameter $\delta$ is defined as:

$$\delta = (X + Y - Z) \qquad (48)$$

The Fresnel number, N, is defined as:

$$N = 2\delta/\lambda \qquad (49)$$

where $\lambda$ = Acoustic wavelength

The barrier attenuation, as a function of N, may be determined from the graph of Figure 35.

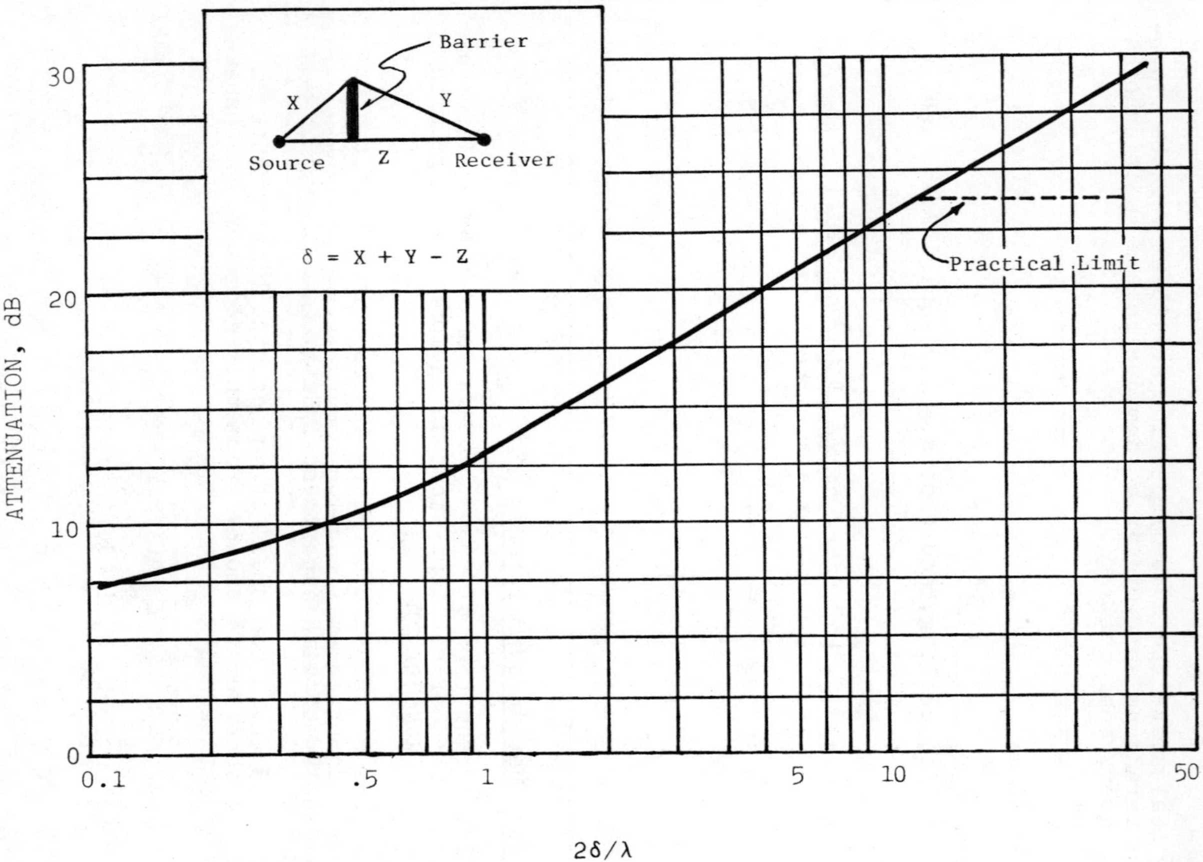


FIGURE 35. BARRIER ATTENUATION.

To be effective, a barrier must be nonporous and have a transmission loss 6 dB higher than the barrier noise reduction value at every frequency. In practice, a maximum limit of 24 dB is achieved by barrier noise reduction.

The preceding method of calculation has successfully been used in many practical applications, and the agreement with measured attenuation has been good.

It is frequently claimed that a row of trees or shrubs provides an effective acoustical barrier. While studies have shown attenuation values of 8-10 dB per 100 feet of dense woods, a single line of trees will provide no significant sound attenuation.

The use of landscaping as a psychological barrier to visually obstruct the source generating noise is effective in many cases. Studies have indicated that the green color of landscaping, as well as the increased feeling of privacy, can be effective in reducing perception of noise and lowering its irritating effect.

SIM 44

To reduce the sound pressure of Side B of the cooling tower of SIM 23, an isolation barrier 20 feet high, 30' from Side B, and 600 feet from the residence is used. Comment on the effectiveness of the barrier. From SIM 23:

| | Octave Band Center Frequency, Hz | | | | | | | |
|---|---|---|---|---|---|---|---|---|
| | 63 | 125 | 250 | 500 | 1000 | 2000 | 4000 | 8000 |
| $L_p$ at 50' | 67 | 66 | 61 | 63 | 56 | 53 | 48 | 42 |

ANSWER

$$\delta = X + Y - Z$$

$$X = \sqrt{30^2 + 20^2} = 37$$

$$Y = 600$$

$$\delta = 37 - 30$$

$$= 7$$

$$N = 2\delta/\lambda$$

| | Octave Band Center Frequency, Hz | | | | | | | |
|---|---|---|---|---|---|---|---|---|
| | 63 | 125 | 250 | 500 | 1000 | 2000 | 4000 | 8000 |
| λ (ft) | 17.9 | 9 | 4.5 | 2.2 | 1.1 | 0.56 | 0.28 | 0.14 |
| N | 0.8 | 1.6 | 3.2 | 6.4 | 12.8 | 25 | 51.2 | 102.4 |
| Attenuation | 12 | 15 | 18 | 21 | 24 | 24 | 24 | 24 |

The total attenuation is the sum of the barrier attenuation, distance attenuation (Equation 4), and air absorption attenuation (Equation 25).

| | Octave Band Center Frequency, Hz | | | | | | | |
|---|---|---|---|---|---|---|---|---|
| | 63 | 125 | 250 | 500 | 1000 | 2000 | 4000 | 8000 |
| $L_p$ at 50' | 67 | 66 | 61 | 63 | 56 | 53 | 48 | 42 |
| Distance Attenuation | -22 | -22 | -22 | -22 | -22 | -22 | -22 | -22 |
| Air Attenuation | 0 | 0 | 0 | 0 | -1 | -2 | -3 | -7 |
| Barrier Attenuation | -12 | -15 | -18 | -21 | -24 | -27 | -30 | -30 |
| $L_p$ at 600' | 33 | 29 | 21 | 20 | 9 | 2 | 0 | 0 |

Quieting Duct Noise

There are several ways to quiet duct systems, including:

1. Use of a duct silencer (necessary when great attenuation is required).

2. Acoustical treatment of ducts before and/or after an elbow. (This location takes advantage of sound absorption and reflection at the elbow.)

3. Lining fan inlet and discharge plenums. (This method may prove most economical.)

4. Acoustical treatment of ducts with sound absorptive material which also may serve as a thermal insulation.

5. Use of specialty attenuators.

## Acoustical Treatment of a Duct

In SIM 35 we experienced a typical fan problem in which the noise of the fan through the duct exceeded the specified noise criteria. One way of reducing the fan noise is by lining the duct before or after the elbow. Table L illustrates the effect of acoustical lining extending two duct widths from the elbow. The attenuation is based on a lining thickness of approximately 10% of the duct width.

Care should be given to high air flow velocities. A good practice would be to line the last five feet of duct before an air outlet with one inch of absorptive lining, in order to account for any miscellaneous noise.

## Lining Fan Plenums

The ASHRAE Guide illustrates a method to account for the attenuation resulting from acoustically treating an air plenum. The basic formula is:

$$NR = 10 \log \left( \frac{1}{S_e \frac{\cos \Theta}{2\pi d^2} + \frac{1 - \alpha}{\alpha S_W}} \right) \qquad (50)$$

where $S_e$ = Plenum exit area, sq. ft.
$S_W$ = Total plenum surface area, sq. ft.
$\alpha$ = Absorption coefficient
d & $\Theta$ - Defined according to Figure 36

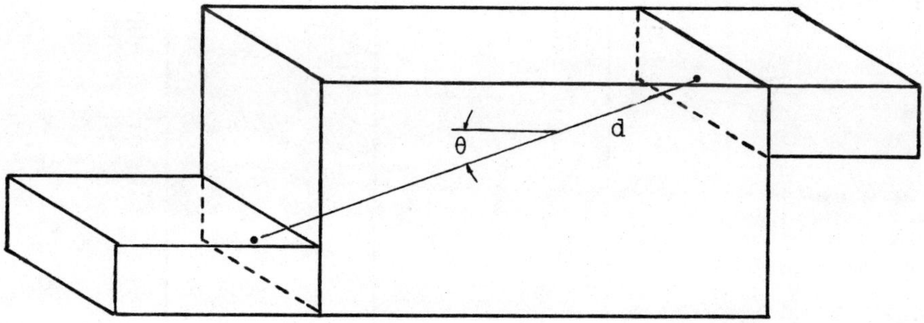


FIGURE 36. FAN PLENUM.

TABLE L

ATTENUATION OF ELBOWS WITH ACOUSTICAL LINING FOR SQUARE DUCTS

| | | Octave Band Center Frequency, Hz | | | | | | | |
|---|---|---|---|---|---|---|---|---|---|
| Duct Width | Acoustical Lining Location | 63 | 125 | 250 | 500 | 1000 | 2000 | 4000 | 8000 |
| 5" | Ahead of Elbow | 0 | 0 | 0 | 1 | 5 | 8 | 6 | 8 |
| 10" | | 0 | 0 | 1 | 5 | 8 | 6 | 8 | 11 |
| 20" | | 0 | 1 | 5 | 8 | 6 | 8 | 11 | 11 |
| 40" | | 1 | 5 | 8 | 6 | 8 | 11 | 11 | 11 |
| 5" | After Elbow | 0 | 0 | 0 | 1 | 6 | 11 | 10 | 10 |
| 10" | | 0 | 0 | 1 | 6 | 11 | 10 | 10 | 10 |
| 20" | | 0 | 1 | 6 | 11 | 10 | 10 | 10 | 10 |
| 40" | | 1 | 6 | 11 | 10 | 10 | 10 | 10 | 10 |
| 5" | Ahead of and After Elbow | 0 | 0 | 0 | 1 | 6 | 12 | 14 | 16 |
| 10" | | 0 | 0 | 1 | 6 | 12 | 14 | 16 | 18 |
| 20" | | 0 | 1 | 6 | 12 | 14 | 16 | 18 | 18 |
| 40" | | 1 | 6 | 12 | 14 | 16 | 18 | 18 | 18 |

When acoustical lining is specified, use this table instead of Table 45.

SIM 45

A fan feeds several offices through a common discharge plenum. Referring to Figure 36:

$$d = 10$$
$$\cos\theta = 0.628$$
$$S_W = 300 \text{ ft}^2$$
$$S_e = 20 \text{ ft}^2$$

Given the below absorption coefficient for glass fiber lining, compute the expected attenuation for each octave band:

| | Octave Band Center Frequency, Hz | | | | | |
|---|---|---|---|---|---|---|
| | 125 | 250 | 500 | 1000 | 2000 | 4000 |
| α | .50 | .80 | .90 | .90 | .80 | .70 |

ANSWER

$2\pi d^2 = 628 \text{ ft}^2$

$$NR = 10 \log \left( \frac{1}{.02 + (1 - \alpha)/300\alpha} \right)$$

| | Octave Band Center Frequency, Hz | | | | | |
|---|---|---|---|---|---|---|
| | 125 | 250 | 500 | 1000 | 2000 | 4000 |
| NR | 16.3 | 17 | 17 | 17 | 17 | 16.6 |

## Vibration Isolation

A basic way to control vibrationally induced noise is to isolate the driving force of the machinery from the adjacent structure. Machinery which has a driving force frequency in the 10-60 Hz range and is rigidly mounted to a building foundation may easily create a very annoying environment for office workers. Vibration isolators will generally reduce this annoyance.

Vibration isolators may be the spring type, rubber mount, or any other type as illustrated in Figure 37. A very important requirement for an isolation specification is that the natural frequency of the isolator should be 3 to 10 times lower than the driving force frequency of the machinery.

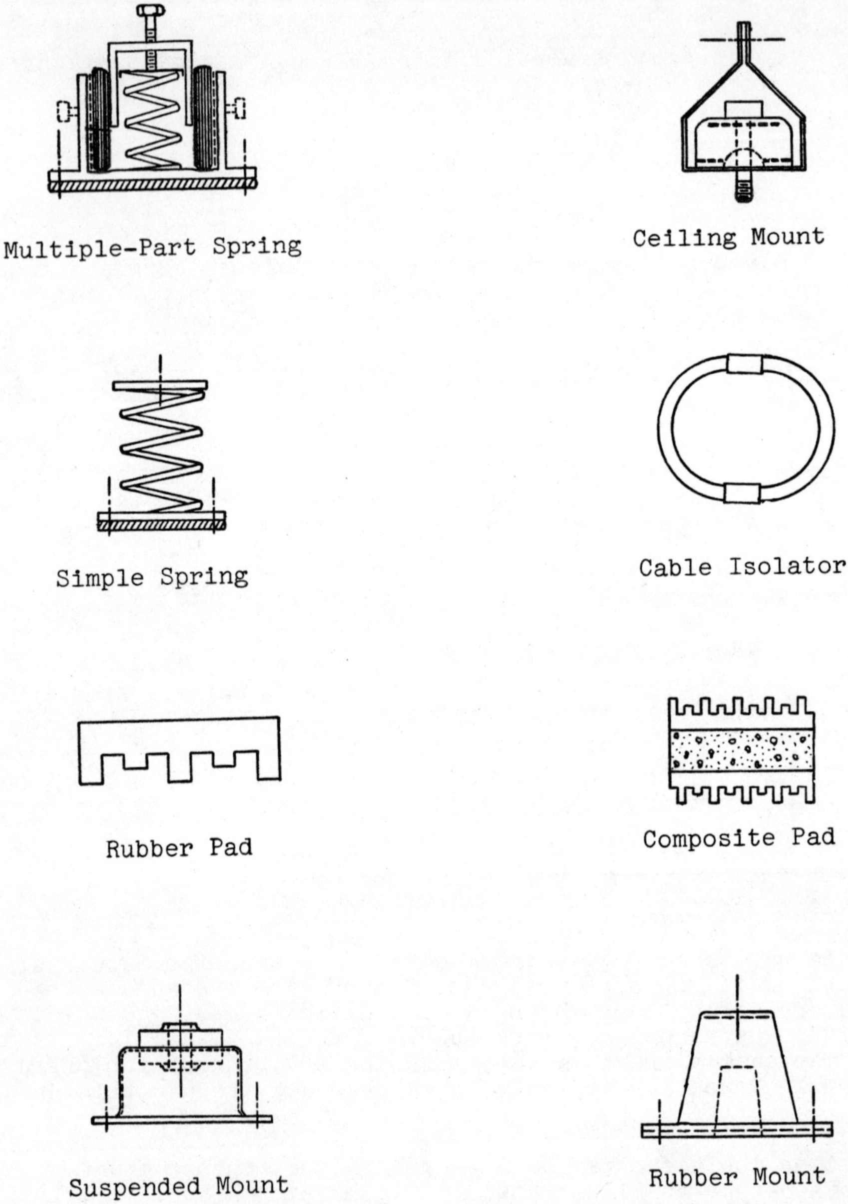


FIGURE 37. CLASSIFICATION OF VIBRATION ISOLATORS.[17]

Referring to Figure 38, it becomes apparant that an isolator whose natural frequency is equal to the driving force frequency will act as an amplifier of noise. The natural frequency of an isolator system is calculated as:

$$f_n = 3.13\sqrt{\frac{1}{d}} \qquad (51)$$

where $f_n$ = Natural frequency of isolator, Hz
$d$ = Isolator's static deflection (units)

or,

$$f_n = 188\sqrt{\frac{1}{d}} \qquad (51a)$$

where $f_n$ is in cycles per minute

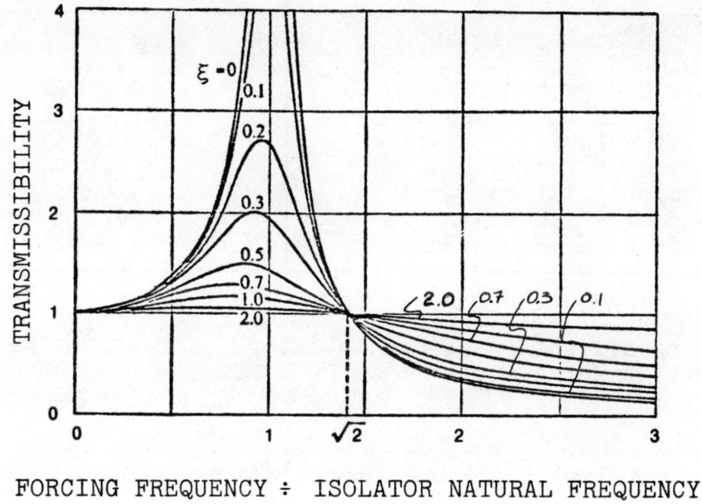


FIGURE 38. TRANSMISSIBILITY FOR VARIOUS DAMPING FACTORS.[18]

Transmissibility is defined as:

$$Tr = \left(\frac{1}{(f_d/f_n)^2 - 1}\right) \qquad (52)$$

where Tr = Transmissibility
$f_d$ = Driving force frequency

A second requirement of an isolator specification is the damping factor of the isolator, as indicated in Figure 38. Above the "resonance" region of the curve the most efficient vibration isolator is provided by isolators with a low damping factor. Typical damping factors for isolators are indicated in Table LI.

TABLE LI

ISOLATOR DAMPING FACTORS

| Vibration Isolator Type | Damping Factor, $\xi$ |
|---|---|
| Simple Spring Isolator | 0 - 0.2 |
| Cable Isolator | 0.3 |
| Multiple Part Spring | 0 - 0.2 |
| Rubber Isolator Mount | .07 - 0.2 |
| Ceiling Isolator Mount | 0.2 |
| Suspended Isolator Mount | 0.5 |
| Rubber Isolation Pad | 0.8 - 0.4 |
| Composite Isolation Pad | 0.3 |
| Glass Fiber Block Pad | 0.1 - 0.2 |

A third specification is the isolator stiffness. The isolator stiffness is defined as:

$$K = \frac{w}{d} \qquad (53)$$

where K = Isolator stiffness, lb/in
w = Weight of machinery, lbs
d = Static Deflection, inches

In order to calculate the deflection of the isolator, use manufacturer's data. A typical curve for a spring isolator is shown in Figure 39. The figure indicates the various vibration isolation efficiencies. For example, a 99% efficiency indicates that 1% of the vibration of the driven machinery is transmitted to the adjacent structure. The vibration isolator manufacturer usually assumes a massive, rigid structure, but

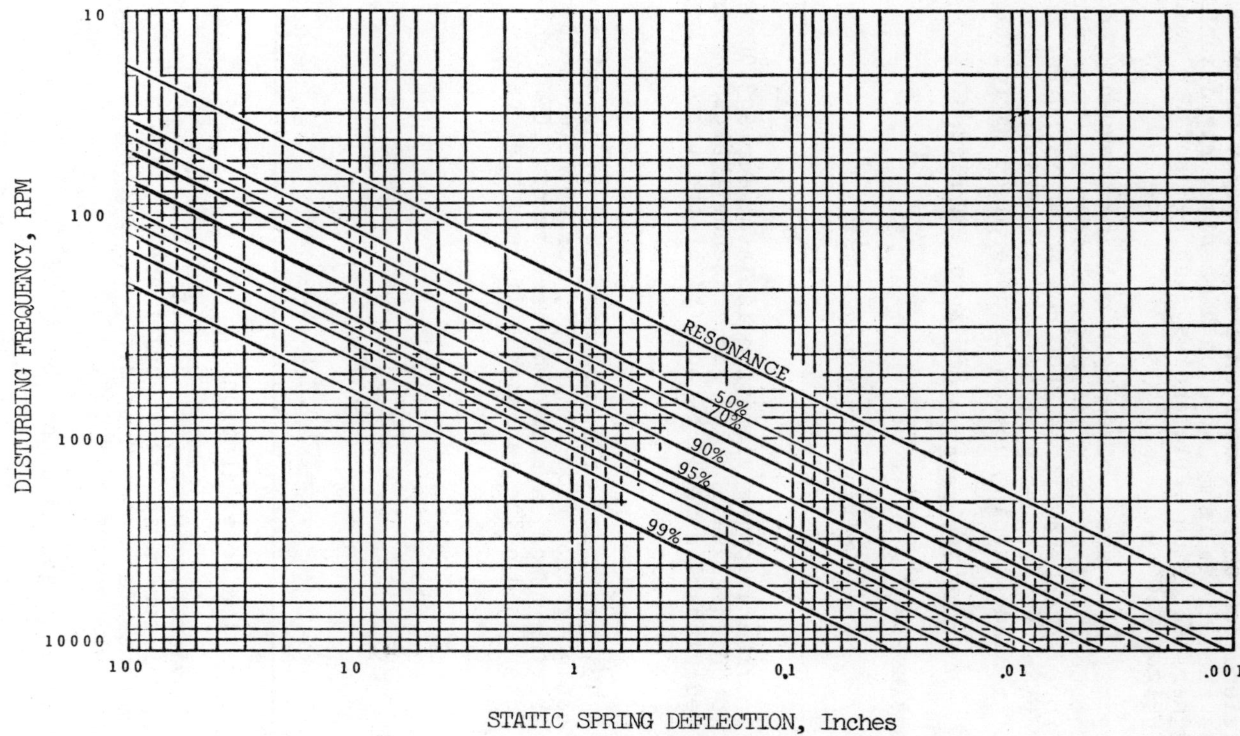


FIGURE 39. STATIC DEFLECTION CURVE FOR A SPRING ISOLATOR.

in reality machinery may be mounted on a lightweight floor. The efficiency of the isolator on a lightweight floor will be much less than if it is mounted on a massive, rigid surface. Thus, higher isolation efficiencies must be used for mountings on lightweight floors.

Machinery may be characterized by a driving frequency, equal to the frequency of maximum vibrational force. The typical driving force frequency for a 3600 rpm motor is 60 Hz, and for a transformer the frequency is 60 Hz. The driving force frequency of a blade turning device is determined as follows:

$$\text{Driving Frequency} = \frac{\text{RPM x No. of Blades}}{60} \tag{54}$$

For motors use:

$$\text{Driving Frequency} = \frac{\text{RPM}}{60} \tag{55}$$

SIM 46

Provide a spring vibration isolator for a 3600 rpm motor which weighs 100 lbs. Assume that the transmitted vibration shall be only 5% of the total vibration.

ANSWER

A 95% isolation or 5% transmissibility is set as the design goal. From Figure 39, for 60 Hz or 3600 cpm driving force, a static deflection of 0.05 inches is determined. The isolator stiffness must be:

$$K = \frac{W}{d}$$

$$= \frac{100}{0.05}$$

$$= 2000 \text{ lb./in.}$$

## General Vibration Considerations

To prevent vibration problems, do not install machinery on lightweight floors adjacent to quiet areas. Avoid locating transformers or fan rooms near offices, conference rooms, or other areas which must be quiet.

When critical locations cannot be avoided:

1. Always specify that rotating machinery be statically and dynamically balanced.

2. Design supporting structures to have no natural frequencies within 30 percent of the operating speed of the machinery.

3. Choose equipment which minimizes vibrational problems. (If a compressor must be located in a critical area, a quieter centrifugal type can be used instead of the noisier reciprocating one.)

4. Use vibration isolating mounts as required on large fans, transformers, etc. Use flexible connections to isolated pipes and ductwork.

5. Floor slabs should be heavier and stiffer to support machinery that is a potential vibration source.

6. Weight of accelerated parts should be reduced whenever possible.

7. All moving parts should have smooth finishes.

## Vibration Damping

Since the physical mechanism of most noise problems is acoustical radiation from vibrating structures, it is most logical to reduce noise by means of vibration damping. The term "damping" refers to the design property of materials which converts vibrational energy into heat energy.

Three measures are frequently used to qualitatively describe a material's damping characteristics:

1. Loss Factor, $\eta$
2. Decay Rate, $\Delta$
3. Damping Factor, $\xi$

The loss factor, $\eta$, is the dimensionless damping-stiffness ratio of a viscoelastic material.

Another common measure of vibration damping is the decay rate, $\Delta$, expressed in decibels per second, and is defined as the rate of natural attenuation for free vibrations within a material. The decay rate is related to the loss factor by the approximate relationship:

$$\Delta = 27.3\ \eta\ f \qquad (56)$$

where $\Delta$ = Decay rate, dB/sec
$\eta$ = Loss factor (dimensionless)
$f$ = Frequency, Hz

The damping factor, $\xi$, is defined as the ratio of material damping to critical damping:

$$\xi = C/C_c \tag{57}$$

The damping factor is related to the loss factor by the approximate relationship:

$$\xi = \eta/2 \tag{58}$$

The loss factor for several common materials is presented in Table LII.

SIM 47

The loss factor for a ¼" thick steel beam is 0.003. With a ½" thick layer of rubber bonded to the beam, the loss factor increases to 0.12. Compute the decay rate and damping factor at 180 Hz.

ANSWER

Undamped beam:

$$\Delta = (27.3)\,\eta\,f$$

$$\Delta = (27.3)(0.003)(180)$$

$$= 14.8 \text{ dB/sec}$$

$$\xi = \eta/2 \tag{58}$$

$$= 0.003/2$$

$$= .0015, \text{ or } .15\%$$

Damped beam:

$$\Delta = (27.3)(0.12)(180)$$

$$= 589 \text{ dB/sec}$$

$$\xi = 0.12/2$$

$$= 0.06, \text{ or } 6\%$$

As shown in Figure 40, there are two basic configurations for the application of damping treatment to structures to increase the loss factor: free layer damping and constrained layer

TABLE LII

MATERIAL LOSS FACTORS

| Material | Loss Factor, $\eta$ |
|---|---|
| Metals | 0.0001 - 0.001 |
| Glass | 0.001 - 0.005 |
| Concrete, Brick | 0.001 - 0.01 |
| Sand, Gravel | 0.01 - 0.05 |
| Wood, Cork, Plywood | 0.01 - 0.2 |
| Rubber, Plastic | 0.0001 - 10. |

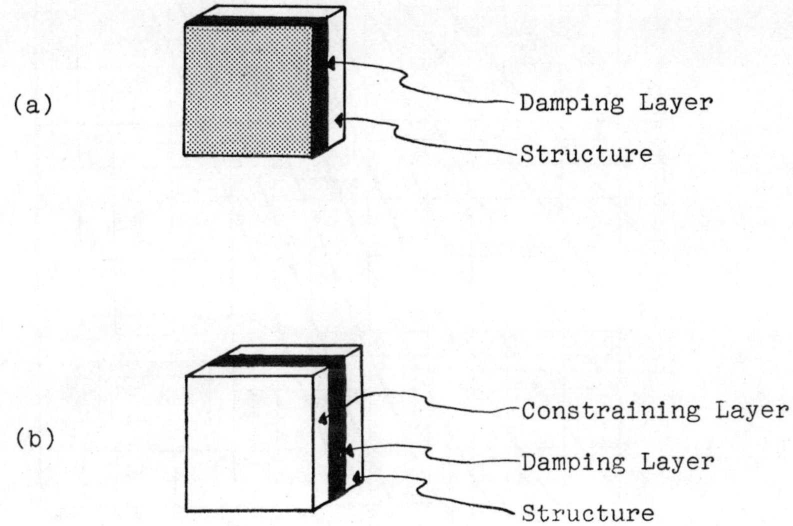


FIGURE 40. TWO CONFIGURATIONS FOR VIBRATION DAMPING; (A) SURFACE OR FREE LAYER DAMPING, AND (B) CONSTRINED LAYER DAMPING.

damping.

Free layer damping, also referred to as extensional or surface damping, is the most commonly and easily applied. Damping treatment of this type may be a viscous substance which is applied similarly to an automobile undercoating, or may be in the form of a sheet or tile which is bonded to the structure being damped. The effectiveness of the damping treatment is a function of the relative thickness and modulus of the layers, as shown in Figure 41.

Constrained layer damping involves sandwiching a layer of viscoelastic material between the structure being damped and an outer constraining layer. This type of damping finds application where structural members are quite thick, or where a large vibration reduction is required.

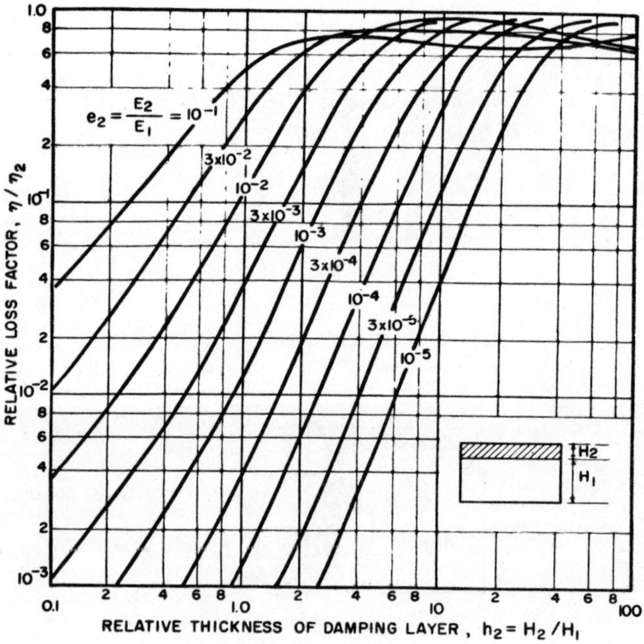


FIGURE 41. RELATIVE DAMPING AS A FUNCTION OF RELATIVE THICKNESS AND RELATIVE YOUNG'S MODULUS FOR A HOMOGENEOUS DAMPING LAYER.[19]

## Compressor and Chiller Silencing

A major source of noise in compressor applications is turbulence. To minimize noise, it is suggested that sound cloth or a 1" layer of glass fiber with a 2 pound per square foot layer of sheet lead and a .006 aluminum jacket be used to insulate the following:

- Inlet piping from inlet flange of compressor to source
- Discharge piping, including aftercooler, valves, fittings, etc.
- Bypass valve line, including all fittings, valves, etc.

Gas piping is also a problem with chillers. In addition to the above, the chiller condensor should be acoustically insulated. Motor noise may be reduced by use of a special, quieter motor.

JOB 7

Comment on the projected noise at the residence from Job 5 and indicate what silencing techniques can be used.

a) Use the silencer for vent attenuation in Figure 42.

b) Assume centrifugal backward curved blade fans can be substituted for noisier ones.

c) Use silenced motors to reduce motor noise. The following quiet line motor data should be used:

| | Octave Band Center Frequency, Hz | | | | | | | |
|---|---|---|---|---|---|---|---|---|
| | 63 | 125 | 250 | 500 | 1000 | 2000 | 4000 | 8000 |
| $L_p$ | 76 | 80 | 84 | 88 | 88 | 84 | 82 | 78 |

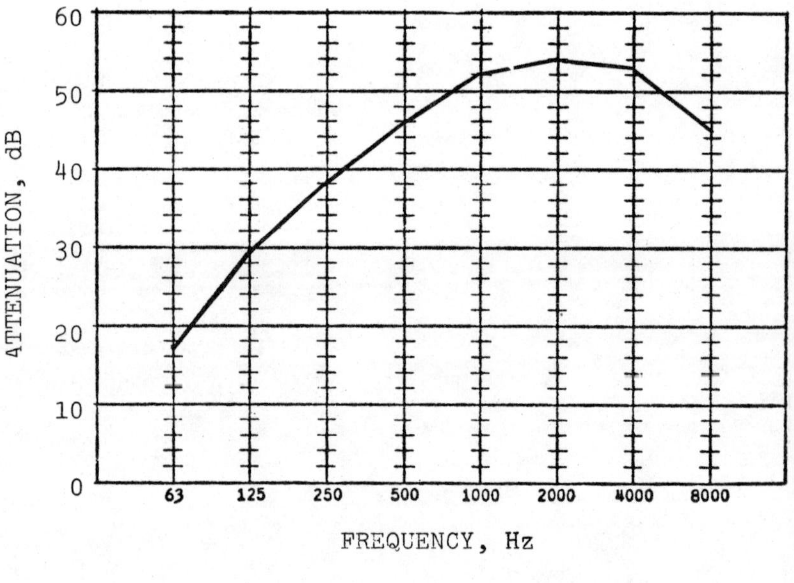


FIGURE 42. VENT SILENCER ATTENUATION.

ANALYSIS

From Job 5, it is seen that the vent noise is definitely above the community standards. With these vents silenced, the overall sound level is slightly above community standards. The major offender seems to be the H&V fans. It was assumed in Job 5A that Q = 1. In reality, the effect of the directivity could decrease the H&V fans to be within the acceptable community standard of Job 5C. Since the results are very close to acceptable levels, one approach is to wait until the plant is in operation. After measurements are taken, any necessary attenuation can be implemented if required. (Remember we used estimated values; actual values may differ by ± 3 dB.) Another approach would be to investigate what can be done at a minimum cost during the design phase. For example, changing the fan type, blade, or fan speed may all be acceptable approaches. Assume the decision was made to lower the noise below community standards without taking into account fan directivity.

Vent Silencing

In order to meet the community noise objectives, calculate the approximate attenuation required:

| | Octave Band Center Frequency, Hz | | | | | | | |
|---|---|---|---|---|---|---|---|---|
| | 63 | 125 | 250 | 500 | 1000 | 2000 | 4000 | 8000 |
| Total Vent Sound Pressure Level | 84 | 89 | 94 | 96 | 97 | 95 | 89 | 81 |
| Community #1 Ordinance | 79 | 74 | 66 | 59 | 53 | 47 | 41 | 39 |
| Required Noise Reduction | 5 | 15 | 28 | 37 | 44 | 48 | 48 | 42 |

From Figure 42, the attenuation of the silencer provides the reduction required. Thus:

| | Octave Band Center Frequency, Hz | | | | | | | |
|---|---|---|---|---|---|---|---|---|
| | 63 | 125 | 250 | 500 | 1000 | 2000 | 4000 | 8000 |
| Total Vent Sound Pressure Level | 84 | 89 | 94 | 96 | 97 | 95 | 89 | 81 |
| Silencer Attenuation | 17 | 30 | 38 | 46 | 52 | 54 | 53 | 45 |
| $L_p$, Community | 67 | 59 | 56 | 50 | 45 | 41 | 36 | 36 |

<u>Fan Noise</u>

Analysis of the fan data indicates excessive sound levels in the 100, 200, and 4000 Hz bands. Reducing the sound levels of fans 9 through 20 would result in a significant decrease in the noise level.

Assuming centrifugal backward curved blade fans can be used in place of the vaneaxial fans, then, from Equation 14:

$$L_W = L_W(B) + L_W(C)$$

At 63 Hz, $L_W(B) = 35$ (from Table XXIV), and:

$$L_W(C) = 10 \log F + 20 \log p$$

$$= 10 \log (63) + 20 \log (1.2)$$

$$= 51 \text{ dB}$$

Thus, $L_W = 86$. From Equation 5, $L_p = 38$ at 500 feet. From Figure 25, it is seen that there is no attenuation due to atmospheric absorption at 63 Hz. Similarly, at other frequencies:

| | Octave Band Center Frequency, Hz | | | | | | | |
|---|---|---|---|---|---|---|---|---|
| | 63 | 125 | 250 | 500 | 1000 | 2000 | 4000 | 8000 |
| $L_W$(B) | 35 | 35 | 34 | 32 | 31 | 26 | 18 | 10 |
| $L_W$(C) | 51 | 51 | 51 | 51 | 51 | 51 | 51 | 51 |
| Blade Correction | 0 | 3 | 0 | 0 | 0 | 0 | 0 | 0 |
| $L_W$ | 86 | 89 | 85 | 83 | 82 | 77 | 69 | 61 |
| 250' Attenuation | 48 | 48 | 48 | 48 | 48 | 49 | 50 | 51 |
| $L_p$ at 250' | 38 | 40 | 37 | 35 | 34 | 28 | 19 | 10 |

The effect on the overall fan noise at the property line is as follows:

| | Octave Band Center Frequency, Hz | | | | | | | |
|---|---|---|---|---|---|---|---|---|
| | 63 | 125 | 250 | 500 | 1000 | 2000 | 4000 | 8000 |
| $L_p$ | 55 | 54 | 51 | 49 | 47 | 44 | 40 | 26 |

To provide additional reduction of the fan noise, fans 4, 5, 6, 7, 8, 21, 22, 23, and 24 may be attenuated.

Quiet Motors

| | Octave Band Center Frequency, Hz | | | | | | | |
|---|---|---|---|---|---|---|---|---|
| | 63 | 125 | 250 | 500 | 1000 | 2000 | 4000 | 8000 |
| Cooling Water Pump Motor | 22 | 26 | 30 | 34 | 34 | 29 | 25 | 18 |
| $L_p$ Pump | 30 | 33 | 37 | 33 | 34 | 29 | 24 | 16 |
| $L_p$ at Property Line | 34 | 37 | 41 | 40 | 40 | 35 | 31 | 23 |

The overall resulting sound pressure level produced at the property line would then become:

| | Octave Band Center Frequency, Hz | | | | | | | |
|---|---|---|---|---|---|---|---|---|
| | 63 | 125 | 250 | 500 | 1000 | 2000 | 4000 | 8000 |
| $L_p$, All Sources (excluding vents) | 56 | 55 | 52 | 51 | 48 | 45 | 42 | 31 |
| $L_p$, All Sources | 67 | 60 | 57 | 54 | 50 | 46 | 43 | 37 |

Comments

The sound level is still two decibels over the acceptable levels in the 4000 Hz band and two decibels over in the 2000 Hz band. We will consider this answer acceptable for the design phase. Field verification should be made to determine if more attenuation is needed after installation.

Note also that the motor noise of the fans was neglected. In a detailed analysis, the sound from the motors should also be checked.

# CHAPTER 8

# MEASURE UP

# CHAPTER 8 - MEASURE UP

Where a noise problem exists, the noise consultant must employ acoustical instrumentation to investigate the sources of noise within a machine or system. Whether the purpose of a noise measurement is to document the environment or to diagnose a problem, all measurements are designed to determine the:

- intensity of the noise
- frequency of the noise
- amount of exposure to the noise
- duration of the noise

## Direct Noise Readings

Since noise measurements are expensive, both in terms of the consultant's time and the instruments themselves, the simplest measurement procedure is recommended as long as adequate information is obtained to solve the problem. The simplest approach is the direct reading of a sound level meter.

The sound level meter consists of a microphone, electronic amplifier, electrical filters, and a read-out meter. These instruments are usually equipped to measure A-, B-, and C-Weighted sound levels, and are portable. The frequency response characteristics of the A-, B-, and C-Weighted networks are shown in Figure 43. The B-Weighted network is seldom used. The C network is used to determine whether low frequency sounds are present. As previously discussed, the A network corresponds most closely to the response of the ear. Some sound level meters are equipped with octave band filters. Two commercially available sound level meters are shown in Figure 44.

One of the primary differences between various sound level meters is accuracy. The ANSI standard S1.4-1971, "Sound Level Meters", sets classifications of Types I, II, and III for meters in accordance with accuracy and functional requirements. The U.S. Department of Labor has recommended that a Type I or II be used for OSHA noise surveys. A Type I should be used for measurements where precise results are required.

To verify the accuracy of a sound level meter, calibration is necessary for each set of data taken. This is achieved by the use of an accurate sound source which introduces a reference sound level into the microphone. The procedure involves placing the calibrator over the microphone and adjusting a sound level meter calibration knob until the meter reading corresponds to the reference sound pressure level. For laboratory

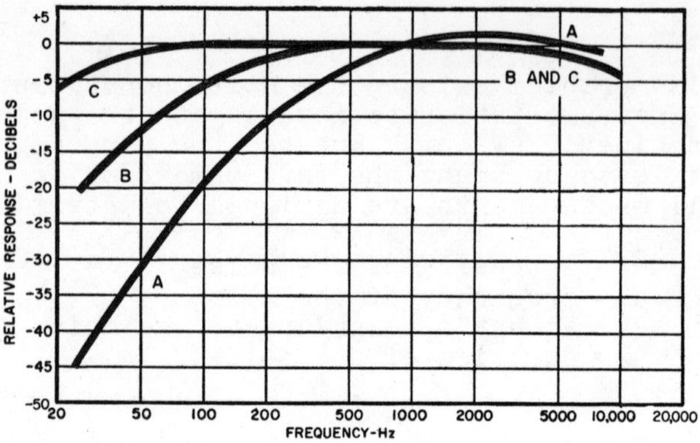


FIGURE 43. FREQUENCY CHARACTERISTICS OF THE A, B, AND C SCALE WEIGHTING NETWORKS.[4]

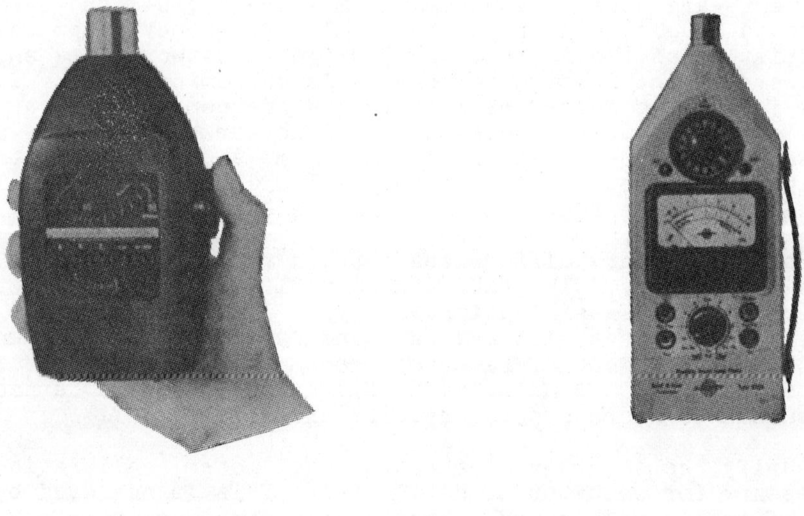

FIGURE 44. SOUND LEVEL METERS.[20] [21]

calibration, reciprocity and electrostatic techniques exist.

## Measurement Techniques

Consideration must be taken in the use of the sound level meter and the relationship between the instrument and the noise source. Improper use of the meter will affect the accuracy of acoustical measurements.

The key to operating a sound level meter is to use it in a manner which will not alter the sound field being measured. This includes:

- Holding the meter away from the operator's body to prevent sound reflections. Also, the operator must not be located between the meter and the noise source.

- Performing the measurement away from any other objects which may block or reflect the sound.

- Orienting the microphone as recommended by the manufacturer. Some microphones are designed to be pointed at the sound source, some at right angles to the source (grazing incidence), and some may be oriented either way.

- Not performing measurements in the presence of wind, rain, or other environmental factors which may influence the readings.

Several standards, listed in Table LIII, have been developed for the measurement of noise from certain types of machinery. These standards define the point of measurement and other parameters relating to factors which might influence the noise reading. If one engineer performs his noise measurements three feet from a machine and another engineer measures at twenty feet, it is obvious that they will measure different noise levels, and that <u>both</u> measurements are worthless unless all measurement conditions are specified.

Background noise can cause errors in acoustical measurements whenever it is within 10 dB of the noise being measured. Measurements should be performed with the noise source off. If the difference is less than 10 dB, the correction factors of Table LIV should be subtracted from the measured noise source level to account for background noise.

TABLE LIII

MEASUREMENT STANDARDS FOR INDUSTRIAL EQUIPMENT NOISE

| | Applicable Standard for Measuring and Reporting Data |
|---|---|
| Equipment for which no acceptable industry sound test code exists | ANSI S1.13-1971: Methods of Measurement of Sound Pressure Levels |
| Machine Tools | NMTBA: Noise Measurement Techniques |
| Pneumatic Equipment | ANSI S5.1: CAGIPNEUROP Test Code |
| Rotating Electrical Machinery | IEEE 85: Test Procedure for Airborne Noise Measurements on Machinery |
| Duct and Fan Systems | AMCA 300-67: Test Code for Sound Rating |

TABLE LIV

CORRECTION FACTORS FOR BACKGROUND NOISE

| Difference Between Total Noise and Background Noise, dB | Level to Be Subtracted From Total Noise, dB |
|---|---|
| 3 | 3 |
| 3.5 | 2.5 |
| 4 | 2 |
| 5 - 6 | 1.5 |
| 6 - 8 | 1.0 |
| 8 - 10 | 0.5 |

The noise control engineer should also document machine type and operating conditions for industrial noise measurements, and environmental factors (wind, temperature, relative humidity, etc.) for outdoor measurements.

## Frequency Analyzers

For the assessment of noise with respect to the criteria presented in Chapter 3, the measurement of A-Weighted and octave band sound pressure levels are adequate. More information may be required to diagnose the noise of a machine. Analyzers are used to determine the exact frequency characteristics of a machine and to correlate its overall noise to specific noise-generating mechanisms. These instruments are generally not portable, but are designed for laboratory analysis.

Acoustical analyzers use electrical filters to select the noise of a desired frequency range while rejecting the noise of all other frequencies. Analyzers are specified as two types:

- constant bandwidth analyzers
- constant percentage analyzers

A constant bandwidth analyzer has a bandwidth which is independent of frequency. A constant percentage analyzer has a bandwidth which is always a fixed percentage of the frequency to which it is tuned.

Octave band, 1/3 octave band, and 1/10 octave band filters are of the constant percentage band type.

The upper cut-off frequency is related to the lower cut-off frequency for acoustical analyzers by:

$$f_u = K f_l \tag{59}$$

where $f_u$ = Upper cut-off frequency, Hz
$f_l$ = Lower cut-off frequency, Hz
$K$ = Constant relating to analyzer type, as indicated in Table LV

TABLE LV

VALUES OF K FOR ANALYZERS

| Analyzer | K |
|---|---|
| Octave Band | 2 |
| 1/2 Octave Band | $\sqrt{2} = 1.414$ |
| 1/3 Octave Band | $\sqrt[3]{2} = 1.26$ |
| n-th Octave Band | $\sqrt[n]{2}$ |

The geometric mean frequency of an analyzer is given by:

$$f_o = \sqrt{f_l f_u} \tag{60}$$

where $f_o$ = Geometric mean frequency, Hz
$f_l$ = Lower cut-off frequency, Hz
$f_u$ = Upper cut-off frequency, Hz

SIM 48

For an octave band analyzer, give the relationship between the geometric mean frequency and the lower cut-off frequency.

ANSWER

$$f_u = 2\ f_l$$

$$f_o = \quad f_l f_u \ = \sqrt{2}\ f_l$$

Thus, for the octave band from 90-180 Hz, the geometric mean frequency is:

$$f_o = \sqrt{2} \times 90 = 127 \text{ Hz}$$

The bandwidth, BW, (in Hertz), of an analyzer is expressed as:

$$BW = f_u - f_l \tag{61}$$

For a constant percentage band analyzer it is:

$$BW = \frac{f_u - f_l}{f_o} \times 100\% \tag{62}$$

SIM 49

What is the percent bandwidth for a 1/3 octave band filter?

ANSWER

$$f_u = 1.26\ f_l$$

$$f_o = \sqrt{1.26\ (f_l \times f_l)}$$

$$= \sqrt{1.26}\ f_l$$

$$BW = \frac{1.26\ f_l - f_l}{\sqrt{1.26}\ f_l} \times 100\%$$

$$= \frac{.26\ f_l}{f_l\sqrt{1.26}} \times 100\%$$

$$BW = 23\%$$

By similar calculations, it can be shown that an octave band filter is a 70% bandwidth filter, and a 1/10 octave band filter is a 6.9% bandwidth filter.

SIM 50

Give the bandwidth for the

a) 31.5 Hz octave band
b) 4000 Hz octave band

ANSWER

a) $f_o = 31.5 = \sqrt{2}\, f_l$

$$f_l = \frac{31.5}{1.414} = 22 \text{ Hz}$$

$BW = f_u - f_l = 2\, f_l - f_l = f_l = 22 \text{ Hz}$

b) $f_o = 4000 = \sqrt{2}\, f_l$

$$BW = f_l = \frac{4000}{\sqrt{2}} = 2800 \text{ Hz}$$

As indicated by SIM 49, a constant percentage octave band analyzer has a 70% bandwidth. It would have a bandwidth of approximately 350 Hz when tuned to 500 Hz (.70 x 500 Hz = 350 Hz). When tuned to 1000 Hz, the bandwidth is approximately 700 Hz. This can be verified by referring back to Table VI.

The bandwidth increases with frequency for a constant percentage filter. Figure 45 shows the bandwidth as a function of frequency for constant percentage and constant frequency bandwidth filters. As seen in the figure, a constant frequency filter is not always narrower than a constant percentage filter. When a full octave is being measured, more sound energy is being received by the analyzer than if only a one-third octave band was admitted to the analyzer. As illustrated in Figure 46, the relative sound pressure levels are less for the one-third octave band spectrum. Care should be taken in reviewing published noise data with regard to the analyzer type being used for the measurement. When comparing a one-third octave band graph with an octave band presentation, the one-third octave band values must be combined to obtain the equivalent octave band sound pressure levels.

The sweep rate of an analyzer is the speed which the analyzer can electronically scan the frequency spectrum. The transient response of a filter to abrupt spectrum changes imposes a sweep rate limitation on filters, given approximately by:

$$SR = \frac{BW^2}{8} \tag{63}$$

where SR = Sweep rate, Hz/sec
BW = Bandwidth, Hz

FIGURE 45.

BANDWIDTH VS. FREQUENCY FOR CONSTANT PERCENTAGE AND CONSTANT FREQUENCY FILTERS.[21]

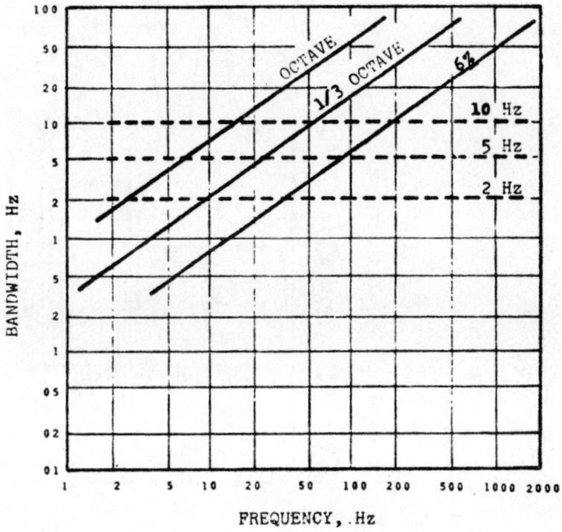


SIM 51

What is the time for a 2 Hz constant bandwidth filter to scan 50 to 10,000 Hz?

ANSWER

$$SR = \frac{BW^2}{8}$$

$$= \frac{2^2}{8}$$

$$= \tfrac{1}{2} \text{ Hz/sec}$$

To scan (10,000 - 50) or 9950 Hz would require 19,900 seconds, or over 5 hours.

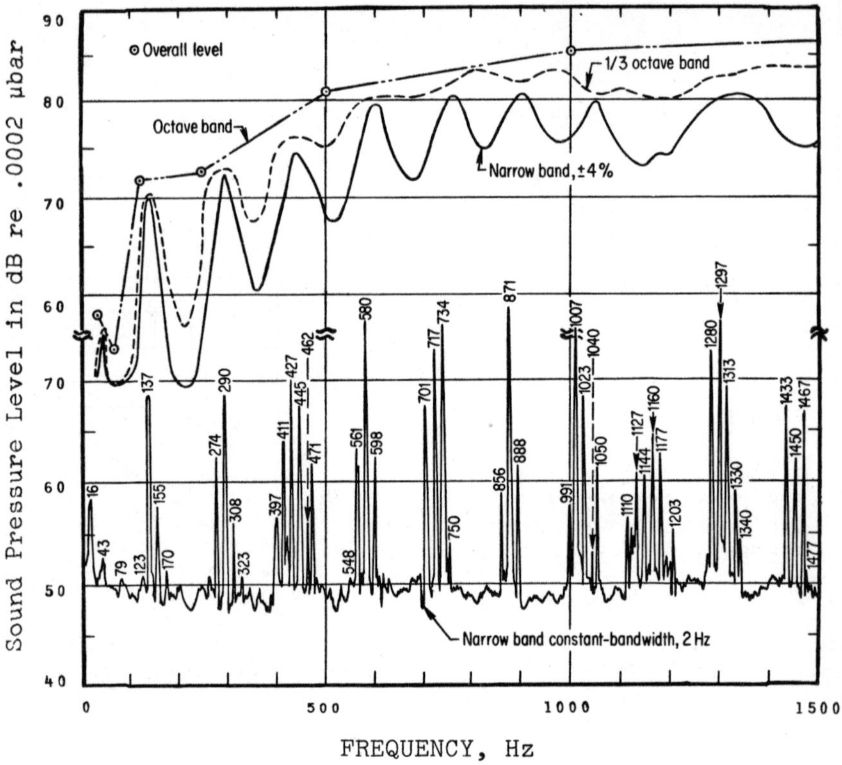


FIGURE 46. COMPARISON OF ACOUSTICAL DATA SAMPLE ANALYZED WITH OCTAVE BAND, ONE-THIRD OCTAVE BAND, AND NARROW BAND FILTERS[22]

Thus, there is a trade-off between time of analysis and information obtained in the use of filters. The consultant must design his analysis around each specific application. Often a noise spectrum may be studied first by one-third octave band analysis, and a narrow band analyzer can then be used to study the problem frequency areas.

Narrow band frequency analyzers are often helpful in identifying sources of community noise. The offending noise source will generally have a peak sound level at the same frequency as the community sound spectrum does.

SIM 52

What is the equivalent octave band sound pressure level at 1000 Hz, given the following one-third octave band values?

| | 1/3 Octave Band Frequency, Hz | | |
|---|---|---|---|
| | 800 | 1000 | 1250 |
| $L_p$ | 70 | 71 | 73 |

ANSWER

Combining the three values given above:

$L_p$ = 77 dB for octave band analysis

Environmental Noise Measurement

The analysis of outdoor noise requires techniques which can account for the fluctuating nature of the many noise sources that comprise the environment. As discussed in Chapter 4, community noise is presented by means of $L_1$, $L_{10}$, $L_{50}$, and $L_{90}$ values, which are the sound levels exceeded 1, 10, 50, and 90 percent of the time.

The measurement of community noise instrumentation must sample the sound levels for short time intervals, and accumulate the results for statistical analysis. Two time intervals, $\Delta t_1$ and $\Delta t_2$, are shown in Figure 47 with the corresponding noise levels, $L_1$ and $L_2$, associated with each. Generally, a sampling time, $\Delta t$, of 0.1 seconds, which corresponds to the averaging time of the human ear, is used. Samplings are performed for periods of two minutes for up to 24 hours. For analysis, the $L_p$ values corresponding to each $\Delta t$ are accumulated and the $L_p$ values which are exceeded 1, 10, 50, and 90% of the time are calculated.

The environmental noise levels are either measured and analyzed on-site using portable instrumentation, or the ambient noise levels may be recorded on a quality recorder using magnetic tape and played back in the laboratory. The advantages of the latter approach are that a more extensive analysis may be performed with complete laboratory facilities, and the tapes serve as a permanent record of the noise environment. The disadvantage of the method is the time required for analysis: a 24 hour noise survey requires at least 24 hours for data analysis, which may be expensive.

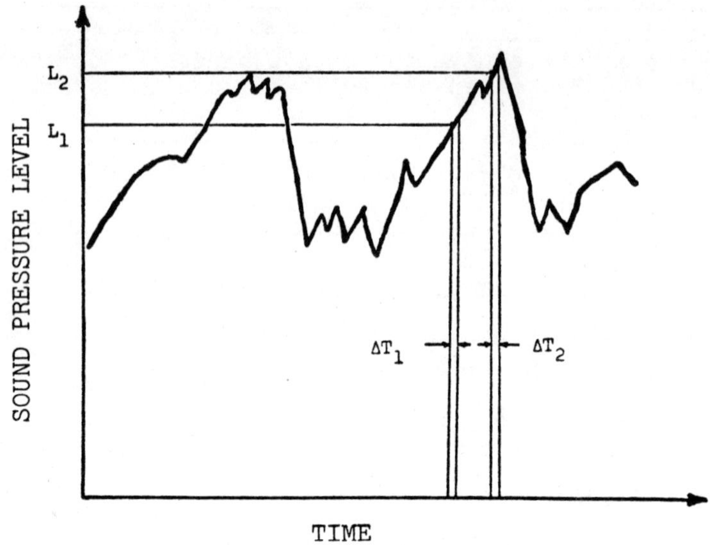


FIGURE 47. COMMUNITY NOISE SAMPLE SHOWING ANALYZER SAMPLING INTERVAL AND CORRESPONDING INTERVAL SOUND PRESSURE LEVELS.[28]

Five specific methods are used to perform environmental noise statistical analysis:

1. Real-Time Analysis[23] - Community noise levels are recorded on magnetic tape and played back through a real-time analyzer. The analyzer is a device that produces an entire spectrum in an instant rather than waiting for the filter to sweep the spectrum. The digital information may be stored by computer and then analyzed, following the data playback. A block diagram of this system is shown in Figure 48. The real-time analysis system is much too involved to be considered portable. However, systems have been developed into mobile truck or van units, eliminating the need for the tape recording process.

2. Mechanical Analyzers - Some systems use mechanical storage devices rather than real time analyzer/computer systems for data storage. These devices utilize counters for accumulation of the noise level distribution, and the noise levels are read directly from the counter windows at the end of the analysis. These systems may be either portable or for laboratory use.

3. Micro-Second Sampling [24, 25] - A magnetic tape recorder may be controlled by an electronic clock to sample noise levesls periodically, generally 10 seconds every five minutes. This approach greatly reduces playback analysis time while allowing long sampling periods.

4. Sound Level Meter Viewing Hood[26] - A recently developed technique involves the use of a viewing hood on a standard sound level meter which switches lights on for .4 seconds at 4 second intervals by means of a simple multivibrator operating a reed switch. Noise levels are read from the meter by an observer. The technique gives values of $L_{10}$ and $L_{90}$ within 1 dBA of values obtained by the conventional method of using a statistical distribution analyzer.

5. Direct Sound Level Meter Readings - A method proposed by ANSI[27] involves the following:

   (a) Observe the A-level reading on the sound level meter (slow dynamic characteristic) for five (5) seconds and record (i) the best estimate of central tendency and (ii) the range of the meter deflections, during that 5 second period, in decibels.

   (b) Repeat the observations of step (a) until the number of central tendency readings equals or exceeds the total range (in decibels) of all the readings.

   (c) Find the arithmetic average of all the central tendency readings in (a) and (b) above, and call this estimate the community noise level for this particular measuring time and location.

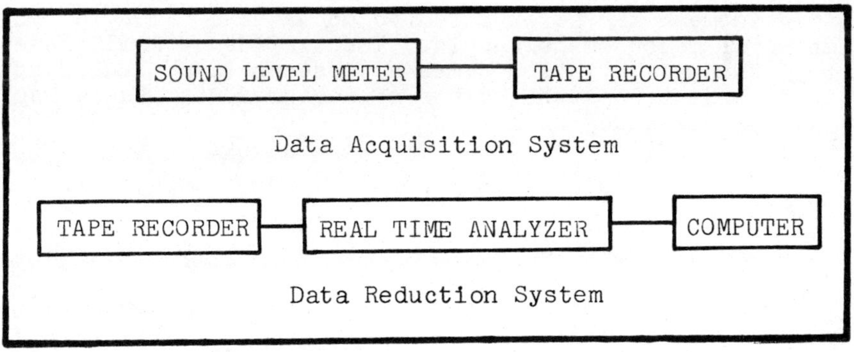


FIGURE 48. BLOCK DIAGRAM OF INSTRUMENTATION SYSTEM FOR STATISTICAL ANALYSIS OF ENVIRONMENTAL NOISE.

## Verifying Your Results

In any physical measurement where repeated observations of a statistically controlled sample are made, fluctuations in the measured variable are usually found. In the case of community noise measurements, fluctuations in the noise sources and environmental factors cause variations in ambient noise levels. Where these variables are random, statistical methods may be applied to present the noise measurements.

The arithmetic mean is used as the measure of central tendency of the measured distribution, and the standard deviation is the measure of dispersion. Calculated confidence limits measure the degree of certainty of the calculated mean.

The arithmetic mean, $\overline{X}$, is simply the arithmetic average of a set of individual measurements, and is given by:

$$\overline{X} = \frac{\Sigma(X)}{N} \tag{64}$$

where $\overline{X}$ = Arithmetic mean
$N$ = Total number of measurements in the set

The standard deviation, s, is the root mean square of the deviations from the mean and is given as:

$$s = \sqrt{\frac{\Sigma\,(\overline{X} - X)^2}{N - 1}} \tag{65}$$

The 90 percent confidence limit is the limit within which the arithmetic mean may be expected to occur nine times in ten in a series of measurement samples. The confidence limit is equal to the standard deviation times a constant (a)s. The constant, a, is dependent upon the number of measurements made. Table LVI gives the values of a.

TABLE LVI

FACTOR "a" FOR CALCULATING
% CONFIDENCE LIMITS $[\bar{X} \pm (a)s]$

| Sample Size N | 90% Confidence Limit "a" Value | 95% Confidence Limit "a" Value |
|---|---|---|
| 2 | 4.50 | 9.00 |
| 3 | 1.70 | 2.50 |
| 4 | 1.15 | 1.59 |
| 5 | .93 | 1.23 |
| 6 | .81 | 1.04 |
| 7 | .73 | .93 |
| 8 | .63 | .83 |
| 9 | .62 | .76 |
| 10 | .59 | .72 |
| 11 | .55 | .69 |
| 12 | .52 | .63 |
| 13 | .49 | .60 |
| 14 | .48 | .58 |
| 15 | .45 | .55 |
| 16 | .44 | .53 |
| 17 | .42 | .51 |
| 18 | .40 | .49 |
| 19 | .39 | .48 |
| 20 | .38 | .47 |
| 21 | .37 | .45 |
| 22 | .36 | .44 |
| 23 | .35 | .42 |
| 24 | .34 | .42 |
| 25 | .34 | .41 |
| 26 | .33 | .40 |
| 27 | .32 | .39 |
| 28 | .32 | .38 |
| 29 | .31 | .37 |
| 30 | .30 | .36 |
| 40 | .26 | .31 |
| 60 | .21 | .25 |
| 120 | .15 | .18 |
| N Greater than 120 | $\frac{1.645}{\sqrt{N}}$ | $\frac{1.96}{\sqrt{N}}$ |

Based on Student "t" Distribution.

SIM 53

A noise survey consisted of eleven samples of the noise levels at one measurement location. The $L_{50}$ values for each of the measurement periods were: 51.4, 51, 49.3, 47.9, 51, 48.8, 50, 48.4, 51, 52, and 43.7 dBA. What are the arithmetic mean, standard deviation, and 90% confidence limit for the measurements?

ANSWER

The arithmetic mean is:

$$\bar{X} = \frac{\Sigma(X)}{N}$$

$$= \frac{544.5}{11}$$

$$= 49.5 \text{ dBA}$$

The standard deviation is:

$$s = \sqrt{\frac{\Sigma\ (\bar{X} - X)^2}{N - 1}}$$

$$s = \sqrt{\frac{52.7}{10}}$$

$$= 2.3 \text{ dBA}$$

From Table LVI, the value of a is 0.55 for a sample size of 11. Thus:

$$90\% \text{ Confidence Limit} = (a)s$$

$$= (.55)(2.3)$$

$$= 1.26 \text{ dBA}$$

Thus, the true mean would lie between (49.5 - 1.26) = 48.24 dBA, and (49.5 + 1.26) = 50.76 dBA, for a 90% confidence limit.

## Audiometric Testing

Audiometric testing is the process of testing for hearing ability or detecting deafness. Such testing is performed with an instrument called an audiometer, and consists of the testee identifying sounds of various frequencies to establish his hearing threshold. To shield the testee from background noise, he is placed in a sound isolation booth, as shown in Figure 49. To insure that the true threshold is measured, it is necessary that the testee not be exposed to sound in excess of 80 dBA for 14 hours prior to the test without wearing hearing protective devices. Since it is improbable that all employees in an industrial facility will work in a low noise environment, it is recommended that:[29]

(1) Audiograms be performed on all new employees prior to reporting to work, or within 90 days of employment.

(2) All employees, whether or not they are constantly exposed to noise, be tested on the initiation of a hearing conservation program.

(3) Those employees exposed to noise where the Exposure Factor (Equation 9) equals or exceeds 0.5 should be retested on an annual basis.

Revised OSHA regulations specify that:

(1) Air Conduction testing at a minimum of six frequencies be performed.

(2) Audiometric equipment meet ANSI specifications.

(3) The audiometer have a certification of calibration when it is placed in use.

(4) Recalibration to specified standards be performed at least once a year.

(5) A current certificate of calibration be readily available and a log of biological checks be maintained.

It is clearly impractical for every industry to perform their own testing due to costs involved and requirements for trained audiometric technicians. An economical alternative is the use of mobile audiometric units, which can be moved from industry to industry to perform testing. One such unit is shown in Figure 50.

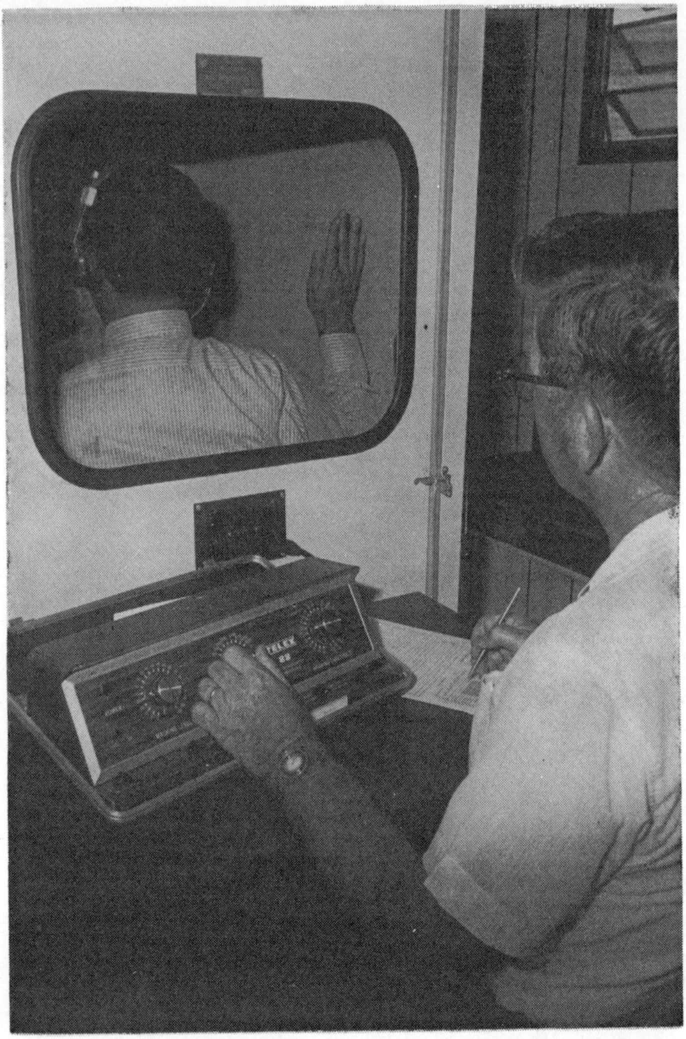


FIGURE 49. AUDIOMETRIC TESTING OPERATION SHOWING SOUND ISOLATION BOOTH AND AUDIOMETER (PHOTO COURTESY OF HEAREX CORPORATION).

FIGURE 50. MOBILE AUDIOMETRIC TESTING UNIT (PHOTO COURTESY OF HEAREX CORPORATION, TAMPA, FLA.).

# CHAPTER 9

# THE MANAGEMENT OF NOISE CONTROL

# CHAPTER 9 - THE MANAGEMENT OF NOISE CONTROL

An effective noise control program needs good management guidelines. A commitment to eliminating noise pollution may cover:

a) the establishment of a research group to experiment with noise reduction techniques.

b) the development of competent noise control engineers.

c) the development of a computer processing system for noise control.

d) emphasis on noise awareness to every engineer.

The management of noise control requires the basic items mentioned above.

## Research and Development

Noise reduction for new equipment can best be accomplished in a testing laboratory. Through trial and error techniques, acoustical measurements, and empirical correlations, the best solutions can be obtained. Small scale models can be used for predicting various noise conditions. Even though a theoretical analysis can be made, a testing program may uncover better solutions.

## Development of Competent Noise Control Engineers

The noise control engineer must understand electrical, mechanical, and process equipment and be able to coordinate all noise concerns. He must be able to present recommendations based on predicted noise information. He must also be able to understand the internal and external politics of his decision, be cost and schedule conscious, and be dedicated to making this world a quieter place to live. The development of such an engineer may be quite a challenging task. Certainly, an engineer well-versed in overall engineering design would be a prime candidate. Through technical seminars, courses, and current publications, the proper qualifications can be developed. A list of magazines on noise control is presented in Table LVII. Familiarization with the state-of-the-art techniques, as presented in these publications, is essential for the noise control engineer.

TABLE LVII

PERIODICALS ON ACOUSTICS

Acustica, S. Hirzel, Stuttgart 1, Birkenwaldstr, 44, Postfach 347, Germany. (International)
Akusticheskii Zhurnal, (in Russian), Academy of Sciences of USSR, Moscow.
Applied Acoustics, Elsevier Publishing Co. Ltd., Ripple Road, Barking, Essex, England. (International)
IEEE Transactions on Audio and Electroacoustics, The Institute of Electrical and Electronics Engineers, Inc., 345 East 47 Street, New York, NY 10017.
The Journal of the Acoustical Society of America, Acoustical Society of America, 335 East 45 Street, New York, NY 10017.
The Journal of the Acoustical Society of Japan, (in Japanese), Acoustical Society of Japan, Ikeda Building/2-7-7, Yoyogi, Shibuya-Ku, Tokyo, Japan.
Journal of the Audio Engineering Society, Audio Engineering Society, Room 929, Lincoln Building, 60 East 42nd Street, New York, NY 10017.
Journal of Auditory Research, The C.W. Skilling Auditory Research Center, Inc., Box N, Groton, CT 06340.
Journal of Sound and Vibration, Academic Press, Inc., Limited, Berkeley Square House, Berkeley Square, London W1X 6BA, and Academic Press, Inc., 111 Fifth Avenue, New York NY 10003.
Kampf Dem Larm, (in German), J.F. Lehmanns Verlag, Agnes-Bernauerplatz 8, 8000 Munchen 21, Germany.
Larmbekampfung, (in German), Veriag Fur Angewandte Wissenschaften GmbH, Hardstrasse 1, 757 Baden-Baden, Germany.
Noise Control Engineering, Institute of Noise Control Engineering, P.O. Box 2167, Morristown, NJ 07960.
Noise Control Report, P.O. Box 1067, Blair Station, Silver Springs, MD 20910.
NOISE/NEWS, Institute of Noise Control Engineering, P.O. Box 1758, Poughkeepsie, NY 12601.
Pollution Engineering, 35 Mason Street, Greenwich, CT 06830
Revue D'Acoustique, (in French), G.A.L.F., Secretariat, Department Acoustique du CNET, 22-Lannion, France.
Sound and Vibration, Acoustical Publications, Inc., 27101 E. Oviatt Road, Bay Village, OH 44140.
TEST Engineering and Management, 61 Monmouth Road, Oakhurst, NJ 07755.

## Development of Noise Control Computer Processing Systems

It should be obvious by now that the calculations involved in noise control are repetitive and may be programmed by computer. Similar to design in other engineering fields, noise problems may be approached by optimization programs or other conventional computer techniques. As previously illustrated, several options are available for lowering noise levels. Only after computing the effect of each noise reduction and the cost can the best solution be found.

## Noise Awareness

Each engineer who designs or specifies any component of an industrial plant system should be aware of noise. This awareness is important because in an industrial plant every component must be evaluated as to its effect on the noise objectives. A noise control engineer alone cannot find and solve all of the problems unless he has the cooperation of every engineer. Many problems can be uncovered and solved through noise awareness.

## Establishing a Noise Control Policy

The basic question management should ask is, "How accurate are the noise predictions?" The accuracy of the predictions depends on:

a) whether estimated, laboratory test data, or field test data was used.

b) whether the directivity factors were taken into account.

c) what areas were undefined.

d) how many approximations were employed and what effect they had.

Each prediction should be accompanied by an estimate of the accuracy of the prediction. If all estimates were based on manufacturers' data, a limit of $\pm$ 3 dB may be suitable. If the estimate did not take into account the directivity of roof fans and vents, the actual level may be 10 decibels lower than predicted.

Accompanying this tolerance band should be a recommendation as to which items should be attenuated in the design stage, and which items should be delayed until field measurements can be made. Some items can be easily and cheaply attenuated in the design phase. Attenuation of these items after installation could be very costly and difficult to achieve. Other items may not be as critical, and measurements after installation could greatly help in evaluating the degree of attenuation required. Some examples of items to be considered in the design phase are:

- Installation of quiet line motors
- Speed of cooling tower motors
- Location of equipment
- Use of vent silencers
- Equipment selection

## Job Specifications

By now is should be clear that to meet noise objectives it is important to properly evaluate manufacturers' equipment. Evaluation of equipment noise and noise services available from a manufacturer prior to purchase will save you money. The problem is to compare equipment noise data from vendors on the same basis. A typical specification is listed below. This specification should prove useful when requesting manufacturer information.

## Typical Noise Specification for Machinery and Equipment

### General

(1.1) The manufacturer shall submit sound measurements for supplied equipment in accordance with this specification. In addition, where the sound measurements exceed the values stated below, the manufacturer shall advise on silencing provisions and additional costs to meet this standard.

### Measurement

(2.1) The manufacturer shall be responsible for the supplied equipment, including any subassemblies.

(2.2) The manufacturer shall test the equipment as follows:

| Item | Applicable Standard |
|---|---|
| Duct & Fan Systems | AMCA 300-67 Test Code for Sound Rating |
| Rotating Electric Machinery | IEEE 85 |
| Pneumatic Equipment | ANSI S5.1 |
| Machine Tools | NMTBA Noise Measurement Techniques |

Where no acceptable sound test exists or manufacturer's standard is different from the above, the manufacturer shall submit the method of testing.

Submitting Data

(3.1) The manufacturer shall submit octave sound power data for equipment. In addition, the following information is required:

| Item | Information Required |
|---|---|
| Fans | a) Total sound power level at fan casing |
| | b) Inlet sound power level |
| | c) Outlet sound power level |
| | d) Locations where sound measurements were taken |
| Rotating Machinery and Miscellaneous Devices | a) Total sound power level at the equipment casing |
| | b) Locations where sound measurements were taken |

(3.2) If the source is highly directional, such as a cooling tower, measurements shall be submitted at several locations.

Specified Levels

(4.1) If manufacturer's data submitted in Items 3.1 and 3.2 exceeds __ dBA*, the quotation shall include the additional cost and silencing provisions necessary to meet this value. (*__ to be completed by purchaser)

Manufacturer's Responsibility

(5.1) It is the manufacturer's responsibility to engage an independent consultant, as required, in order to meet the noise requirements stated in this specification.

(5.2) The manufacturer shall not ship any equipment which exceeds the manufacturer's values promulgated in this specification without the purchaser's written authorization.

(5.3) If the manufacturer must perform tests at the purchaser's facility, it shall be stated in the quotation.

The Effect of Noise Control on the Cost of a Project

A quiet plant costs money. Many noise decisions will not be seen directly in a cost picture. An example of this is a cooling tower. If noise reduction is achieved by cooling tower orientation or location, no direct cost will be seen. Another example may be the specification of centrifugal backward curved blade fans instead of vaneaxial fans. In certain flow ranges the quieter centrifugal fan is cheaper than its vaneaxial counterpart.

All design alternatives to noise control should be considered to insure maximum effectiveness and minimum expenditures. For example, to build an enclosure around a noisy motor can be quite expensive. To buy a quiet motor during the design may cost only $150 more than purchasing its unsilenced equivalent.

## Establishing Noise Objectives

Several guidelines for determining noise objectives were illustrated in Chapter 3. Other factors, such as union relations, good community relations, anticipation of stricter regulations, and enforcement of existing regulations all play a part in the final noise level design goals. It may initially appear to be more economical to design a plant without noise objectives, but this approach can prove more costly later on when corrective action must be taken.

Remember that the lower the noise level design goal, the more costly the noise program required. It is easy enough to establish a 90 dBA criteria everywhere, but is it necessary? An isolated mechanical room requiring little operator attention may not require as stringent a criteria as 90 dBA. Total cost should never be overlooked when establishing goals. The "secrets of noise control" lie in the avoidance of excessive noise control costs through establishing clear cut objectives and implementing corrective action from the feasibility stage through plant start-up.

In establishing and assessing noise control objectives, measurements should be performed in accordance with the acoustical standards listed in Table LVIII.

TABLE LVIII

RECOGNIZED ACOUSTICAL STANDARDS

| | |
|---|---|
| AIR CONDITIONING AND REFRIGERATION INSTITUTE (ARI), 1815 North Fort Meyer Drive, Arlington VA 22209 | |
| ARI 270-67 | Sound Rating of Outdoor Unitary Equipment |
| ARI 275-69 | Application of Sound Rated Outdoor Unitary Equipment |
| ARI 443-66 | Rooms Fan-Cool Air Conditioner |
| ARI 446-68 | Sound Rating of Room Air-Induction Units |
| AIR DIFFUSION COUNCIL (ADC), 435 North Michigan Avenue, Chicago IL 60611 | |
| AD-63 | Measurement of Room-to-Room Sound Transmissions Through Plenum Air Systems |
| 1062-R2 | Equipment Test Coa |
| AIR MOVING AND CONDITIONING ASSOCIATION (AMCA), 205 West Touhy Avenue, Park Ridge IL 60068 | |
| Bulletin 300-67 | Test Code for Sound Rating |
| Bulletin 301-65 | Method of Publishing Sound Ratings for Air Moving Devices |
| Bulletin 302-65 | Application of Sone Loudness Ratings for Non-Ducted Air Moving Devices |
| Bulletin 303-65 | Application of Sound Power Level Ratings for Ducted Air Moving Devices |
| Publication 311-67 | AMCA Certified Sound Ratings Program for Air Moving Devices |
| AMERICAN BOAT AND YACHT COUNCIL, 15 East 26th Street, New York NY 10010 | |
| ABYC Project H-17 | Practices and Standards Covering Insulating, Soundproofing, and Sheathing Materials and Fire Retardant Coatings. |

AMERICAN GEAR MANUFACTURERS ASSOCIATION (AGMA), One Thomas Circle, Washington DC 20005

| | |
|---|---|
| 295.02 | AGMA Standard Specification for Measurement of Sound in High Speed Helical and Herringbone Gear Units, November, 1965 |

AMERICAN NATIONAL STANDARDS INSTITUTE (ANSI), 1430 Broadway, New York NY 10018

| | |
|---|---|
| S1.1-1960 (R 1971) | Acoustical Terminology |
| S1.2-1962 (R 1971) | Physical Measurement of Sound |
| S1.4-1971 | Sound Level Meters |
| S1.5-1963 (R 1971) | Loudspeaker Measurements |
| S1.6-1967 (R 1971) | Preferred Frequencies for Acoustical Measurements |
| S1.7-1970 | Method of Test for Sound Absorption of Acoustical Materials in Reverberation Rooms |
| S1.8-1969 | Preferred Reference Quantities for Acoustical Levels |
| S1.10-1966 (R 1971) | Calibration of Microphones |
| S1.11-1966 (R 1971) | Octave, Half-Octave, and Third-Octave Band Filter Sets |
| S1.12-1967 (R 1972) | Laboratory Standard Microphones |
| S1.13-1971 | Measurement of Sound Pressure Levels |
| S1.20-1972 | Calibration of Underwater Electroacoustic Transducers |
| S2.2-1959 (R 1971) | Calibration of Shock and Vibration Pickups |
| S2.3-1964 (R 1970) | High-Impact Shock Machine for Electronic Devices |
| S2.4-1960 (R 1971) | Specifying the Characteristics of Auxiliary Equipment for Shock and Vibration Measurements |
| S2.5-1962 (R 1971) | Specifying the Performance of Vibrating Machines |
| S2.6-1963 (R 1971) | Specifying the Mechanical Impedance of Structures |
| S2.7-1964 (R 1971) | Terminology for Balancing Rotating Machinery |
| S2.8-1972 | Describing the Characteristics of Resilient Mountings |
| S2.10-1971 | Analysis and Presentation of Shock and Vibration Data |
| S2.11-1969 | Calibrations and Tests for Electrical Transducers Used for Measuring Shock and Vibration |
| S2.15-1972 | Design Construction and Operation of Class HI (High-Impact) Shock-Testing Machine for Lightweight Equipment |
| S3.1-1960 (R 1971) | Criteria for Background Noise in Audiometer Rooms |
| S3.2-1960 (R 1971) | Measurement of Monosyllabic Word Intelligibility |
| S3.3-1960 (R 1971) | Measurement of Electroacoustical Characteristics of Hearing Aids |

(ANSI cont.)

| | |
|---|---|
| S3.4-1968 (R 1973) | Computation of the Loudness of Noise |
| S3.5-1969 | Calculation of the Articulation Index |
| S3.6-1969 | Specification for Audiometers |
| S3.8-1967 (R 1971) | Expressing Hearing Aid Performance |
| S3.13-1972 | Artificial Head-Bone for the Calibration of Audiometer Bone Vibrators |
| S3-W-39 | Effects of Shock and Vibration on Man |
| S5.1-1971 | Measurement of Sound from Pneumatic Equipment |
| Y10.11-1953 | Letter Symbols for Acoustics |
| Y32.18-1968 | Symbols for Mechanical and Acoustical Elements as Used in Schematic Diagrams |
| Z24.9-1949 (R 1971) | Coupler Calibration of Earphones |
| Z24.21-1957 (R 1971) | Specifying the Characteristics of Pickups for Shock and Vibration Measurement |
| Z24.22-1957 (R 1971) | Measurement of the Real-Ear Attenuation of Ear Protectors at Threshold |
| Z24-X-2 | The Relations of Hearing Loss to Noise Exposure |

AMERICAN SOCIETY OF HEATING, REFRIGERATING AND AIR-CONDITIONING ENGINEERS (ASHRAE), 345 East 47th Street, New York NY 10017

| | |
|---|---|
| 36-62 | Measurement of Sound Power Radiated from Heating, Refrigerating and Air Conditioning Equipment |
| 36A-63 | Method of Determining Sound Power Levels of Room Air-Conditioners and Other Ductless, Through-the-Wall Equipment |
| 36B-63 | Method of Testing for Rating the Acoustic Performance of Air Control and Terminal Devices and Similar Equipment |
| 36-72 | Method of Testing for Sound Rating Heating, Refrigerating and Air Conditioning Equipment |

AMERICAN SOCIETY FOR TESTING AND MATERIALS, 1916 Race Street, Philadelphia PA 19103

| | |
|---|---|
| C367-57 | Strength Properties of Prefabricated Architectural Acoustical Materials |
| C384-58 | Impedance and Absorption of Acoustical Materials by the Tube Method |
| C423-66 | Sound Absorption of Acoustical Materials in Reverberation Rooms (S1.7-1970) |
| C522-69 | Airflow Resistance of Acoustical Materials |
| C634-69 | Definitions of Terms Relating to Acoustical Tests of Building Construction and Materials |
| E90-70 | Laboratory Measurement of Airborne Sound Transmission Loss of Building Partitions |
| E336-71 | Measurement of Airborne Sound Insulation in Buildings |
| E413-70T | Determination of Sound Transmission Class |
| C636-69 | Installation of Metal Ceiling Suspension Systems for Acoustical Tile and Lay-In Panels |
| C634-69 | Acoustical Tests of Building Constructions and Materials |
| RM 14-3 | Steady-State Determination of Changes in Sound Absorption of a Room |
| RM 14-4 | Laboratory Measurement of Impact Sound Transmission Through Floor Ceiling Assemblies Using the Tapping Machine |

THE ANTI-FRICTION BEARING MANUFACTURERS ASSOCIATION, INC., 60 East 42nd Street, New York NY 10017

| | |
|---|---|
| AFBMA Standard, Section 13 (1968) | Roller Bearing Vibration and Noise |

ASSOCIATION OF HOME APPLIANCE MANUFACTURERS, 20 North Wacker Drive, Chicago IL 60606

| | |
|---|---|
| Standard RAC-2-SR (1971) | Room Air Conditioning Sound Rating |

CALIFORNIA REDWOOD ASSOCIATION, 617 Montgomery Street, San Francisco CA 94111

| | |
|---|---|
| CRA Data Sheet 202-6 | Redwood Insulation: Heat, Sound and Electricity |

COMPRESSED AIR AND GAS INSTITUTE (CAGI), 122 East 42nd Street, New York NY 10017

| | |
|---|---|
| CAGI Test Code | Measurement of Sound from Pneumatic Equipment |

ELECTROTECHNICAL COMMISSION: (Available from ANSI)

| | |
|---|---|
| 50-08 (1960) | International Electrotechnical Vocabulary Group 08: Electro-Acoustics |
| 118 (1959) | Measurements of the Electro-Acoustical Characteristics of Hearing Aids |
| 123 (1961) | Sound Level Meters |
| 124 (1960) | Rated Impedances and Dimensions of Loudspeakers |
| 126 (1961) | IEC Reference Coupler for the Measurement of Hearing Aids Using Earphones Coupled to the Ear by Means of Ear Inserts |
| 177 (1965) | Pure Tone Audiometers for General Diagnostic Purposes |
| 178 (1965) | Pure Tone Screening Audiometers |
| 179 (1965) | Precision Sound Level Meters |
| 184 (1965) | Specifying the Characteristics of Electromechanical Transducers for Shock and Vibration Measurements |
| 200 (1966) | Measurement of Loudspeakers |
| 222 (1966) | Specifying the Characteristics of Auxiliary Equipment for Shock and Vibration Measurement |
| 225 (1966) | Octave, Half-Octave and Third-Octave Band Filters Intended for the Analysis of Sounds and Vibrations |
| 263 (1968) | Scales and Sizes for Plotting Frequency Characteristics |
| 268 (1968) | Sound System Equipment |
| 303 (1970) | IEC Provisional Reference Coupler for the Calibration of Earphones Used in Audiometry |
| 318 (1970) | Artificial Ear for the Calibration of Earphones Used in Audiometry |
| 327 (1971) | Precision Method for Pressure Calibration of One-Inch Standard Condenser Microphones by the Reciprocity Technique |

FACTORY MUTUAL SYSTEMS, 184 High Street, Boston MA 02110

| | |
|---|---|
| Loss Prevention Data 1-11 (1952) | Insulating and Acoustical Materials |

FEDERAL SPECIFICATIONS, Specification Sales (3 FRDS), Building 197, Washington Navy Yard, General Services Administration, Washington DC 20407

| | |
|---|---|
| HH-I-545B (1970) | Insulation, Thermal and Acoustical (Mineral Fiber, Duct Lining Material) |
| SS-S-111a and Amendment-1 (1968) | Sound Controlling Materials (Trowel and Spray Applications) |
| SS-S-118a and Interim Amendment-1 (1967) | Sound Controlling Blocks and Boards |

GENERAL SERVICES ADMINISTRATION, Washington DC

| | |
|---|---|
| PBS-C.1 | Direct Measurement of Speech-Privacy Potential |
| PBS-C.2 | Sufficient Verification of Speech-Privacy Potential |

HEARING AID INDUSTRY CONFERENCE, INC., 75 East Wacker Drive, Chicago IL 60001

| | |
|---|---|
| 61-1 | Standard Method of Expressing Hearing-Aid Performance |
| 65-1 | Interim Bone Conduction Thresholds for Audiometry |

HOME VENTILATING INSTITUTE, 1108 Standard Building, Cleveland OH 44113

| | |
|---|---|
| HVI Test Procedure (1968) | Air Flow Test Procedure |

INTERNATIONAL ORGANIZATION FOR STANDARDIZATION: (Available from ANSI)

| | |
|---|---|
| R16-1965 | Standard Tuning Frequency |
| R31/Part VII-1965 | Quantities and Units of Acoustics |
| R131-1959 | Expression of the Physical and Subjective Magnitudes of Sound or Noise |
| R140-1960 | Field and Laboratory Measurements of Airborne and Impact Sound Transmission |
| R226-1961 | Normal Equal-Loudness Contours for Pure Tones |
| R266-1962 | Preferred Frequencies for Acoustical Measurements |
| R354-1963 | Measurement of Absorption Coefficients in a Reverberation Room |
| R357-1963 | Power and Intensity Levels of Sound or Noise |
| R362-1964 | Measurement of Noise Emitted by Vehicles |
| R389-1964 | Reference Zero for Pure-Tone Audiometers |
| R454-1965 | Relation Between Sound Pressure Levels of Narrow Bands of Noise in a Diffuse Field and in a Frontally-Incident Free Field for Equal Loudness |
| R495-1966 | Preparation of Test Codes for Measuring the Noise Emitted by Machines |
| R507-1970 | Describing Aircraft Noise Around an Airport |
| R512-1966 | Sound Signalling Devices on Motor Vehicles |
| R532-1966 | Calculating Loudness Level |
| R717-1968 | Rating of Sound Insulation for Dwellings |
| R1680-1970 | Airborne Noise Emitted by Rotating Electrical Machinery |
| R1761-1970 | Monitoring Aircraft Noise Around an Airport |
| R1996-1971 | Assessment of Noise with Respect to Community Response |
| R1999-1972 | Assessment of Occupational Noise Exposure for Hearing Conservation Purposes |
| R2017-1972 | Specifying Characteristics for Mechanical Isolation |

INSTRUMENT SOCIETY OF AMERICA, 400 Stanwix Street, Pittsburgh PA 15222

| | |
|---|---|
| RP37.2 (1964) | Guide for Specifications and Tests for Piezoelectric Accelera-Transducers for Aerospace Testing |
| S37.10 (1969) | Specification and Tests for Piezoelectric Pressure and Sound-Pressure Transducers |

INSTITUTE OF ELECTRICAL AND ELECTRONIC ENGINEERS, 345 East 47th Street, New York NY 10017

| | |
|---|---|
| IEEE 85 (1973) | Airborne Noise Measurements on Rotating Electric Machinery |
| IEEE 219 | Loudspeaker Measurements (ANSI S1.5-1963) |
| IEEE 258 | Methods of Measurement for Close Talking Pressure Type Microphones (January 1965) |
| IEEE 269 | Method for Measuring Transmission Performance of Telephone Sets (May 1966) |

MILITARY SPECIFICATIONS, Commanding Officer, Naval Publications and Forms Center, 5801 Tabor Avenue, Philadelphia PA 19120

| | |
|---|---|
| A-8806A and Amendment-1 (1966) | Acoustical Noise Level in Aircraft |
| N-83155A and Amendment-1 (1970) | Noise Suppressor System, Aircraft Turbine Engine Ground Run-Up |
| N-83158A (1970) | Noise Suppressor Systems, Engine Test Stand A/F32T-2 and A/F32T-3; for Turbojet and Turbofan Engines |
| S-3151a and Notice-1 (1967) | Sound-Level Measuring and Analyzing Equipment |
| S-008806B (1970) | Sound Pressure Levels in Aircraft |

NATIONAL ELECTRICAL MANUFACTURERS ASSOCIATION (NEMA), 155 East 44th Street, New York NY 10017

| | |
|---|---|
| SM33-1964 | Gas Turbine Sound and its Reduction |
| MG1 | Motors and Generators |
| Section 4.3.2 | Method of Measuring Machine Noise |
| TR1-1963 | Transformers, Regulators and Reactors (Sections 9-04 and 9-05) |

NATIONAL MACHINE TOOL BUILDERS ASSOCIATION, 2139 Wisconsin Avenue, Washington DC 20007

| | |
|---|---|
| NMBTA Standard (1970) | Noise Measurement Techniques |

NATIONAL SCHOOL SUPPLY AND EQUIPMENT ASSOCIATION, Folding Partition Subsection, 27 East Monroe Street, Chicago IL 60603

| | |
|---|---|
| NSSEA Test Procedure (1966) | Testing Procedures for Measuring Sound Transmission Loss Through Movable and Folding Walls |

POWER SAW MANUFACTURERS ASSOCIATION, 734 15th Street NW, Washington DC 20005

| | |
|---|---|
| N1.1-66 | Noise Level |
| N2.1-67 | Noise Octave Band Measurement |

RADIO MANUFACTURERS ASSOCIATION, 1317 F Street NW, Washington DC 20004

| | |
|---|---|
| SE-105 (1949) | Microphones for Sound Equipment |

SOCIETY OF AUTOMOTIVE ENGINEERS, Two Pennsylvania Plaza, New York NY 10001

| | |
|---|---|
| AIR 817 | A Technique for Narrow Band Analysis of a Transient |
| AIR 852 | Methods of Comparing Aircraft Takeoff and Approach Noises |
| AIR 902 | Determination of Minimum Distance from Ground Observer to Aircraft for Acoustic Tests |
| AIR 923 | Method for Calculating the Attenuation of Aircraft Ground to Ground Noise Propagation During Takeoff and Landing |
| AIR 1115 | Evaluation of Headphones for Demonstration of Aircraft Noise |
| AIR 1216 | Comparison of Ground Run-Up and Flyover Noise |
| ARP 796 | Measurements of Aircraft Exterior Noise in the Field |
| ARP 865a | Definitions and Procedures for Computing the Perceived Noise Level of Aircraft Noise |
| ARP 866 | Standard Values of Atmospheric Absorption as a Function of Temperature and Humidity for Use in Evaluating Aircraft Flyover Noise |
| ARP 876 | Jet Noise Prediction |
| ARP 1071 | Definitions and Procedures for Computing the Effective Perceived Noise Level for Flyover Aircraft Noise |

(SAE cont.)

| | |
|---|---|
| ARP 1080 | Frequency Weighting Network for Approximation of Perceived Noise Level for Aircraft Noise |
| J6a | Ride and Vibration Data Manual |
| J87 | Exterior Sound Level for Powered Mobil Equipment |
| J88 | Exterior Sound Level Measurement Procedure for Powered Mobil Construction Equipment |
| J184 | Qualifying a Sound Data Acquisition System |
| J192 | Exterior Sound Level for Snowmobiles |
| J336 | Sound Level for Truck Cab Interior |
| J366a | Exterior Sound Level for Heavy Trucks and Buses |
| J377 | Performance of Vehicle Traffic Horns |
| J672a | Exterior Loudness Evaluation of Heavy Trucks and Buses |
| J919a | Measurement of Sound Level at Operator Station |
| J952b | Sound Levels for Engine Powered Equipment |
| J994a | Criteria for Backup Alarm Devices |
| SP373 | Truck Tire Noise |

REFERENCES

## REFERENCES


1 Kryter, K.D., Testimony at Noise Pollution Hearings Before the Subcommittee on Air and Water Pollution, U.S. Government Printing Office, No. 77-7290, p. 157, 1972.

2 Schultz, T.J., "Noise-criterion Curves for Use with the USASI Preferred Frequencies," Journal of the Acoustical Society of America, Volume 43, pp. 637-638, 1968.

3 Beranek, L.L., Noise and Vibration Control, McGraw-Hill, p. 567, 1971.

4 Peterson, A.P.G., and Gross, E.E., Handbook of Noise Measurement, General Radio Company, 1972.

5 Bragdon, C.R., "City Noise Ordinances - A Status Report," Sound and Vibration, Volume 7, No. 12, pp. 34-35, 1973.

6 Graham, J.B., "How to Estimate Fan Noise," Sound and Vibration, Volume 6, No. 5, pp. 24-27, 1972.

7 "Reducing the Operating Noise of Industrial Hydraulic Systems," Parker Hannifin, Cleveland, Ohio, 1972.

8 Heitner, I., "How to Estimate Plant Noises," Hydrocarbon Processing, Volume 47, No. 12, pp. 67-74, 1968.

9 Seebold, J.G., "Process Plant Noise Control," Sound and Vibration, Volume 7, No. 6, pp. 16-19, 1973.

10 Sessler, S.M., "Acoustical and Mechanical Considerations for the Evaluation of Chiller Noise," ASHRAE Journal, pp. 39-46, October, 1973.

11 Blazier, W.E., "Chiller Noise: Its Impact on Building Design," ASHRAE Journal, Volume 14, No. 5, pp. 44-50, 1972.

12 Allen, E.E., "Mechanisms of Noise Generation by Fluid Flow Through Control Valves," Proceedings of Inter-Noise 72, p. 299, 1972.

13 Silencing Handbook, Burgess Industries, Dallas, Texas, 1966.

14 "Noise Control for Reciprocating and Turbine Engines driven by Natural Gas and Liquid Fuel," American Gas Association, New York, 1969.

[15] Egan, M.D., Concepts In Architectural Acoustics, McGraw-Hill, 1972.

[16] Beranek, L.L., Noise and Vibration Control, McGraw-Hill, 1971.

[17] Harvey, S.G., and Oliver, C.C., "Classification and Performance of Commercial Vibration Isolators," Proceedings of Inter-Noise 72, pp. 133-137, 1972.

[18] Tse, F.S., Morse, I.E., Hinkle, R.T., Mechanical Vibrations, Allyn and Bacon, 1966.

[19] Ruzicka, J.E., Structural Damping, ASME, 1959.

[20] Courtesy of General Radio Company, West Concord, Mass.

[21] Courtesy of Bruel & Kjaer, Cleveland, Ohio.

[22] Mitchell, L.D., and Lynch, G.A., "Origins of Noise," Machine Design, May, 1969.

[23] Kessler, F.M., "Noise Data Recording and Computer-Controlled Analysis," Sound and Vibration, Volume 7, No. 4, pp. 43-45, April, 1973.

[24] Shultz, T.J., "Some Sources of Error in Community Noise Measurements," Sound and Vibration, Volume 6, No. 2, pp. 18-27, February, 1972.

[25] Kamperman, G.W., "Techniques for Sampling Environmental Noise," Proceedings of Inter-Noise 72, pp. 393-398, 1972.

[26] Scholes, W.E., and Salvidge, W.E., "Statistical Analysis from a Sound Level Meter," Applied Acoustics, Volume 6, No. 2, pp. 111-117, April, 1973.

[27] "Method for Measurement of Community Noise," American National Standards Institute Draft, May, 1969.

[28] Miller, R.K., "Sampling Methodology for Community Noise Surveys," Proceedings of NOISESPO, 1973.

[29] Kline, C.E., "Industrial Noise, What To Do," Hearex Corporation, Tampa, Florida, 1973.

# INDEX

H



L



M



N